실용 Practical Welding Design
& Construction

용접설계·시공

저자 **원영휘**

교문사
청문각이 교문사로 새롭게 태어납니다.

머리말

산업기술의 급속한 발달로 용접 기술 분야는 자동차, 조선공업, 우주선은 물론이고 현대적인 미관을 가진 고층빌딩 등 건축 구조물에서도 선택이 아닌 필수기술로 받아들여지고 있다. 이는 용접기술에 대한 안전성을 더욱 요구하게 되는 중대한 시기에 접어들었다는 것을 의미한다.

인간 존중의 시대, 삶의 질을 향상시켜야 하는 사회적 요구를 충족시키기 위해서 용접설계에서부터 시공, 검사에 이르기까지 안전한 제품을 만들기 위한 부단한 노력 또한 필요한 시기라고 말할 수 있다.

〈실용 용접 설계·시공〉은 용접 설계와 시공 분야에 대한 체계적인 원리와 이해를 바탕으로 학습자들이 쉽게 접근할 수 있도록 구성하여 용접기술에 대한 흥미와 탐구를 더욱 유발할 수 있을 것으로 본다.

이 책은 용접 설계와 용접 시공 분야로 나누어 단원을 편성하였다. 용접 설계 분야에서는 용접 설계를 위한 공학 기초, 단위와 삼각함수, 용접역학의 기초, 용접 이음부의 강도 계산, 용접 비용에 영향을 주는 요소, 용접 이음 설계로 구성하였으며, 용접 시공 분야에서는 용접 시공 개요, 수축변형, 잔류응력, 용접 입열과 열영향, 용접 균열, 용접 시공법, 용접 검사로 구성하였다. 또한 부록으로 용접에 가장 많이 쓰이는 용접 기호와 용접 규격을 소개하였다. 각 장에는 연습문제를 수록하여 용접 산업기사, 기사, 기술사의 수험서로서 이용할 수 있게 하였다.

아울러 이 책을 집필하는 데 참고하거나 인용한 책의 저자 여러분께 감사드리며, 출판에 힘써 준 청문각에 감사드린다.

부족하나마 용접 설계·시공 분야를 알고자 하는 모든 분들이 글로벌 산업현장에서 중추적인 역할을 담당하는 우수한 기술자로 거듭날 수 있는 교재가 되길 바란다.

2019년 7월
저자 원영휘

차례

제2부 용접 시공

제1부

용접 설계

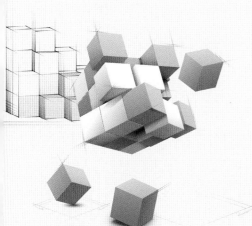

학습 1 용접 설계를 위한 공학 기초

1-1. 밀도와 비중

학습 목표	• 물체의 밀도와 비중에 대한 정의를 알 수 있도록 한다.

[1] 밀도

1. 유체

유체(fluid)란 흐를 수 있는 성질을 지닌 물질로, 즉 액체와 기체가 여기에 속한다.

2. 밀도

밀도(ρ : density)란 물질을 구성하는 원자 또는 분자가 얼마나 조밀하게 모여 있는 가를 나타내는 개념이며, 밀도는 물질의 질량(m)에 비례하고 체적(V)에 반비례한다.

$$\rho = \frac{m}{V} \ [\mathrm{kg/m^3}] \ \ 또는 \ [\mathrm{g/cm^3}]$$

$\mathrm{cm^3}$는 cubic centimeter로 "cc"로 나타낸다.

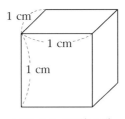

그림 1.1 체적(부피)

즉, 1 cc라는 것은 위의 그림과 같이 1 cm×1 cm×1 cm의 체적에 해당하는 유체의 양을 나타내는 단위를 정의한다.

아울러, 그림 1.1과 같이 10 cm×10 cm×10 cm의 체적에 해당하는 유체의 양은 1000 cc이다.

이 1000 cc를 1리터 [l]로 정의한다.

또한, 1 cc에 해당하는 4℃의 순수한 물의 무게를 1그램 [g]이라 한다.

즉, 1 [g] : 4℃의 순수한 물 1 [cm^3] 또는 10^{-6} [m^3]의 무게로 정의하며,

  1 [kg] : 4℃의 순수한 물 10^3 [cm^3] 또는 10^{-3} [m^3]의 무게로 정의한다.

물의 밀도＝질량(Mass)/부피(Volume)이므로

$$\rho = \frac{m}{V} = \frac{1 \ g}{1 \ cm^3} = 1 \ [g/cm^3] \ \text{또는} \ [g/cc]$$

$$\rho = \frac{m}{V} = \frac{1 \ kg}{10^{-3} cm^3} = 10^3 \ [kg/m^3] \text{이다.}$$

일반적으로 10^3보다는 1이라는 간단한 수로 표기되는 [g/cc] 단위를 밀도단위로 많이 사용하고 있다.

[2] 비중과 비중량

1. 비중(γ : 比重, specific gravity)

$$\text{비중}(\gamma) = \frac{\text{비교 대상 물질의 밀도(density)}}{4℃\text{의 순수한 물의 밀도}} \text{로 나타낸다.}$$

어떤 물질의 비중$(\gamma) = \dfrac{x \ [g/cc]}{1 \ [g/cc]} = x$ 값이 된다.

즉, 비중의 대한 단위는 없다.

이와 같이 단위가 없는 것을 '무차원수'라고 한다.

비중이란 어떤 온도에서 어떤 물질의 밀도와 표준물질의 밀도와의 비를 말하는 것이다. 표준물질로서는 고체 및 액체의 경우에는 보통 1 atm, 4℃의 물을 취하고, 기체의 경우에는 1 atm, 0℃의 공기를 취한다. 비중은 무차원수로 온도 및 압력(기체의 경우)에 따라 달라지나, 고체·액체에 대해서는 그 값이 소수점 이하 5자리까지 밀도와 일치한다. 대부분 비중과 밀도는 그 값이 같다고 생각해도 무방하다.

예를 들어, 알루미늄의 밀도가 2.7 [g/cc]이므로 알루미늄의 비중 값은 2.7이 된다.

$$\text{알루미늄의 비중}(\gamma) = \frac{\text{물질의 밀도(density)}}{4℃\text{의 순수한 물의 밀도}} = \frac{2.7 \ [g/cc]}{1 \ [g/cc]} = 2.7$$

2. 비중량(ω : 比重量, specific weight)

비중량 = 밀도(density) $\times$ 중력 가속도(gravity acceleration)

$$\therefore \ w = \rho \times g \ \left[\frac{g \cdot m}{cc \cdot s^2} \ \text{또는} \ \frac{kg \cdot m}{m^3 \cdot s^2}\right] \fallingdotseq \frac{W}{V} \times 10 \left[\frac{N}{M^3}\right]$$

여기서 $g = 9.8\left[\dfrac{m}{s^2}\right] \fallingdotseq 10\left[\dfrac{m}{s^2}\right]$로 한다.

단, 단위 체적당 중량 W, 체적 V, 비중량 ω이다.

중력가속도를 g로 하면 비중량 ω와 밀도 ρ와의 사이에는 $\omega = \rho g$의 관계가 있다. 밀도는 물질 고유의 값인데 비하여 비중량 ω은 중력가속도의 크기에 따라 다르다.

3. 비체적(specific volume)

비체적은 단위 질량당 체적으로 정의한다. 질량을 m, 체적을 V, 비체적을 ν로 하면

$$\text{비체적}(\nu) = 1/\text{밀도(density)} = \frac{V}{m}$$

$$\therefore \ \nu = 1/\rho = \frac{V}{m}$$

즉, 비체적은 밀도의 역수이다.

한편 비용적은 단위 중량당 체적이고, 비중량의 역수이다.

이 경우 단위는 $\left[\dfrac{m^3}{N}\right]$가 된다.

1-2. 압력과 대기압

학습 목표	• 압력과 대기압에 대한 정의를 알 수 있도록 한다.

[1] 압력

압력(pressure)은 어떤 물체에 수직한 힘을 가할 때 물체의 단위 면적이 받는 힘이라고 정의한다.

$$P = \frac{F}{A} \ [\text{N/m}^2] \ \text{또는} \ [\text{Pa}]$$

[2] 대기압(atmosphere pressure)

- 대기(atmosphere) : 지구를 둘러싸고 있는 커다란 공기의 집단
- 대기압(atmosphere pressure) : 지구의 중력에 의해 지표면을 누르는 공기의 힘
- 토리첼리(이탈리아 1608~1647)의 대기압 : 해발 0 [m]인 지표면에서의 대기압을 1기압(atm)이라 할 때 이 값은 76 [cm]만큼의 수은이 만드는 압력과 동일

  1 [atm] = 760 [mmHg] = 760 [T : torr]

- 압력을 나타내는 식 : $P = \rho g h$

  1 [atm] = 760 [mmHg]

  $\qquad = 13.6 \times 10^3 \ [\text{kg/m}^3] \times 9.8 \ [\text{m/sec}^2] \times 0.76 \ [\text{m}]$

  $\qquad = 1.013 \times 10^5 \ [\text{N/m}^2] = 1.013 \times 10^5 \ [\text{Pa}]$

  ※ 수은 1 cm³의 질량은 물보다 13.6배나 무거운 13.6 g이다. 따라서 수은의 밀도는 13.6 g/cm³이다.

  10^5 [Pa] = 1 [bar]로 간단히 나타내고 이 단위를 사용하면

  1 [atm] = 1.013 [bar]

  $\qquad = 1,013 \ [\text{mbar}]$

  h(hecto)는 10^2을 의미한다.

  1 [atm] = 1.013×10^5 [Pa]

  $\qquad = 1.013 \times 10^3 \times 10^2 \ [\text{Pa}]$

  $\qquad = 1,013 \ [\text{hPa}]$

  단위의 크기를 비교하면 다음과 같다.

  atm > bar > mmHg(= T) > mb(= hPa) > Pa

1-3. 유체의 압력

[1] 액체가 만드는 압력

액체 안에 물체를 넣었더니 어느 위치에서 멈
췄을 때

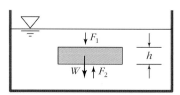

그림 1.2 액체 속 물체에 가하는 힘

P : 가해지는 압력

A : 물체의 위·아래 면적

h : 물체의 높이

W : 물체의 중량($W = mg$)의 관계는 다
음과 같다.

$$F = P \cdot A$$
$$F_2 = F_1 + W$$
$$P_2 \cdot A = P_1 \cdot A + m \cdot g$$
$$= P_1 \cdot A + \rho \cdot V \cdot g$$
$$= P_1 \cdot A + \rho \cdot A \cdot h \cdot g$$

즉, $P_2 \cdot A = P_1 \cdot A + \rho \cdot A \cdot h \cdot g$

$$P_2 = P_1 + \rho \cdot h \cdot g$$
$$\therefore \ P_2 - P_1 = \rho \cdot h \cdot g$$

물체의 윗면이 액체면에 닿아 있을 때 물체의 높이 h는 액체면에서 h만큼 깊은 곳
을 의미하므로 액체 내의 압력을 구하는 식은 다음과 같다.

$$\therefore \ P = \rho \cdot h \cdot g$$

[2] 파스칼의 원리(Pascal's principle)

액체는 대부분 비압축성 유체이다. 즉, 압력을 가해도 체적이 줄지 않아 밀도가 그대로 유지되는 성질이다.

따라서 밀폐된 공간 내에 갇혀 있는 액체에 가해진 압력은 액체 내 모든 곳에 똑같은 크기의 압력으로 전달된다. 즉, 이것을 파스칼의 원리라 한다.

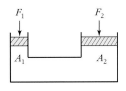

그림 1.3 파스칼의 원리

$$\therefore \ P = \frac{F_1}{A_1} = \frac{F_2}{A_2}$$

$$\therefore \ F_2 = \frac{A_2}{A_1} \cdot F_1$$

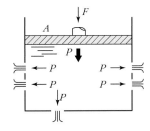

그림 1.4 수압기의 원리

[3] 보일의 법칙(Boyle's law)

용기 내의 밀폐된 기체는 외부로부터 힘을 받게 되면 부피는 줄고 압력은 증가한다.

$$P_1 V_1 = P_2 V_2 = const$$

즉, 온도가 일정할 때 기체의 부피와 압력은 서로 반비례함을 알 수 있다.

어떤 용기에 기체를 주입할 때 기체의 체적은 다음과 같다.

$$\therefore \ V = k \cdot P$$

단, 기체의 체적 : V, 용기의 체적 : k, 기체의 압력 : P라 한다.

예시 : 10 [l]짜리 용기라면 대기압하에서 10 [l]만큼의 기체가 들어가게 될 것이므로 k는 항시 1 [atm]에서의 부피가 되며, 단위도 cc/Pa, l/atm 등과 같이 된다.

[4] 부력(buoyancy)

1. 아르키메데스 원리

'유체 속에 전부 또는 일부가 잠긴 물체는 물체가 배제한 유체의 무게, 즉 유체 속에 잠긴 물체의 부피와 같은 부피의 유체 무게만큼을 부력으로 받게 된다.'

F_1 : 물체 위에서 유체가 누르는 힘

F_2 : 물체 밑에서 유체가 받치는 힘

$$B = F_2 - F_1$$
$$= P_2 A - P_1 A$$
$$= \rho g h_2 A - \rho g h_1 A$$
$$= \rho g (h_2 - h_1) A$$
$$= \rho g l A$$
$$= \rho g V$$

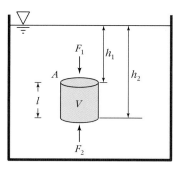

그림 1.5 부력

따라서 유체가 만드는 부력은 유체의 밀도, 중력가속도, 물체의 체적(밀려난 유체의 체적)에 비례하며, 부력의 크기는 이들 값을 곱한 것과 같다.

그런데, $\rho g V = (m / V) g V = mg$이므로

$$B = \rho g V = mg$$

즉, 부력의 크기는 유체의 중량, 즉 밀려난 유체의 무게가 됨을 알 수 있다. 물체의 뜨고 가라앉음은 물체의 무게와 부력의 크기 관계로부터 결정된다.

물체의 중량(W)은 다음과 같다.

$$W = mg (\because m = \rho g)$$
$$= \rho g V$$

즉, 중량과 부력의 비교는 물체의 $\rho g V$와 유체의 $\rho g V$의 비교로 볼 수 있다. 그러므로 부력의 크기가 크려면 유체의 밀도 또는 체적을 크게 하면 된다.

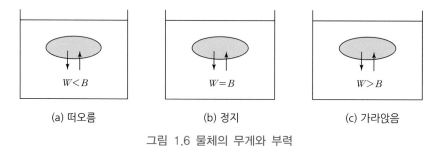

| (a) 떠오름 | (b) 정지 | (c) 가라앉음 |

그림 1.6 물체의 무게와 부력

1-4. 유체의 운동

학습 목표 　•유체의 운동에 대한 원리를 알 수 있도록 한다.

[1] 유체의 운동

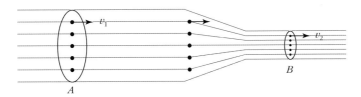

그림 1.7 정상류와 유선

1. 정상류(stationary flow)

분석 가능한 유체로 단면 A를 통과하는 유체의 입자들은 모두 동일한 속력을 갖으며, 유선끼리 교차해서도 안 되며, 유선이 관내의 벽에 닿아서도 안 된다. 따라서 관내부가 좁아지더라도 단면 B에서 보는 바와 같이 유선 사이의 간격이 좁아질 뿐 유선끼리 닿거나 교차하는 일도 없어야 한다.

2. 유선(flow line)

관내의 유체입자들이 이동하는 길을 말한다.

3. 유속(流速, fluid flux)

유체 내의 한 폐곡선을 지나는 유선의 묶음을 말한다.

[2] 유체법칙 II

1. 연속의 정리(continuity theorem)

유체가 t초 동안 이동할 경우 유체의 질량은 같아야 한다.

$$m_1 = m_2 \quad \because \ m = \rho V = \rho Avt \text{이므로}$$

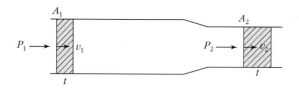

그림 1.8 유관 속의 유체 운동

$$\rho A_1 v_1 t = \rho A_2 v_2 t$$

$$\therefore \ A_1 v_1 = A_2 v_2$$

[참고]

체적$(V) =$ 단면적$(A) \times$거리(x)

속도$(v) = \dfrac{\text{거리}(x)}{\text{시간}(t)}$

거리$(x) =$ 속도$(v) \times$시간(t)

$$\therefore \ V = A \cdot x = A \cdot v \cdot t$$

Av는 단위 시간에 단면적 A를 통과하는 유체의 체적으로 "단면적과 유체의 속도 사이에는 반비례 관계가 성립"한다. 따라서 t시간 동안 일정 속도 v로 단면적 A를 통과하는 유체의 양은 다음과 같다.

$$\therefore \ V = Avt$$

2. 베르누이의 정리(Bernoulli's theorem)

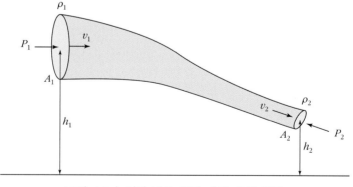

그림 1.9 높이가 다른 유관 속의 유체 운동

단위 시간당 외력이 유체에 행한 일에 대한 작업률은 다음과 같다.

$\Delta W = F_1$에 의한 일량$- F_2$에 의한 일량

$$\therefore \text{작업률} = \frac{\text{일량}(W)}{\text{시간}(t)} = \frac{\text{힘}(F) \times \text{거리}(S)}{\text{시간}(t)} = P \cdot A \cdot v$$

$$\therefore \text{힘}(F) = \text{압력}(P) \times \text{단면적}(A)$$

$$\therefore \text{속도}(v) = \frac{\text{거리}(S)}{\text{시간}(t)}$$

$$= P_1 A_1 v_1 - P_2 A_2 v_2$$

역학적 에너지는 운동에너지(E_k)와 위치에너지(E_p)의 합이므로 이 유체에서 단위 시간당 에너지 손실은 다음과 같다.

$$\Delta E = E_2 - E_1$$
$$= (E_{k2} + E_{p2}) - (E_{k1} + E_{p1})$$
$$= m_2(\frac{1}{2}v_2^2 + gh_2) - m_1(\frac{1}{2}v_1^2 + gh_1)$$
$$= \rho_2 A_2 v_2(\frac{1}{2}v_2^2 + gh_2) - \rho_1 A_1 v_1(\frac{1}{2}v_1^2 + gh_1)$$

또한, 단위 시간당 유체의 질량은 다음과 같다.

$$\therefore m = \rho V = \rho A v t$$

$$\therefore \frac{m}{t} = \rho \cdot A \cdot v$$

만일, 이 유체가 비압축성 유체이면 연속의 정리에 의해

$A_1 v_1 = A_2 v_2$ 이고 $\Delta W = \Delta E$ 이므로

$$\Delta W = \Delta E$$

$$P_1 A_1 v_1 - P_2 A_2 v_2 = \rho_2 A_2 v_2(\frac{1}{2}v_2^2 + gh_2) - \rho_1 A_1 v_1(\frac{1}{2}v_1^2 + gh_1)$$

$$P_1 - P_2 = \rho_2(\frac{1}{2}v_2^2 + gh_2) - \rho_1(\frac{1}{2}v_1^2 + gh_1)$$

$$P_1 + \rho_1(\frac{1}{2}v_1^2 + gh_1) = P_2 + \rho_2(\frac{1}{2}v_2^2 + gh_2)$$

$$P_1 + \frac{1}{2}\rho_1 v_1^2 + \rho_1 gh_1 = P_2 + \frac{1}{2}\rho_2 v_2^2 + \rho_2 gh_2$$

이를 간단히 정리하면

$$P + \frac{1}{2}\rho v^2 + \rho gh = const \text{이며,}$$

이것을 베르누이의 정리라 한다.

3. 토리첼리의 정리(Torricelli's theorem)

A_1 : 탱크의 단면적

P_1 : 외부압(대기압)

A_2 : 구멍의 단면적

P_2 : 구멍에 가해지는 외부압력(대기압)

대기압인 $P_1 = P_2$

동일한 액체이므로 밀도 $\rho_1 = \rho_2 = \rho$

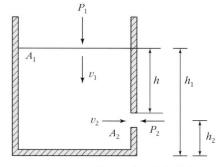

$$P + \frac{1}{2}\rho v_1^2 + \rho g h_1 = P + \frac{1}{2}\rho v_2^2 + \rho g h_2$$

그림 1.10 작은 구멍에서의 유속

$$\frac{1}{2}v_1^2 + g h_1 = \frac{1}{2}v_2^2 + g h_2$$

$$g h_1 - g h_2 = \frac{1}{2}v_2^2 - \frac{1}{2}v_1^2$$

$$g(h_1 - h_2) = \frac{1}{2}v_2^2 - \frac{1}{2}v_1^2$$

$$\frac{1}{2}v_2^2 - \frac{1}{2}v_1^2 = g(h_1 - h_2) = gh$$

$$\frac{1}{2}(v_2^2 - v_1^2) = gh$$

그런데 $A_1 \gg A_2$이므로, 연속의 정리에 의해 $v_1 \ll v_2$가 되는데, v_1은 거의 "0"이 된다고 보고 좌변의 첫 항마저 없애고 v_2를 v로 나타내면

$$\therefore v_2 = v = \sqrt{2gh}$$

4. 유체의 속도와 압력

베르누이 정리에 의거

$$P_1 + \frac{1}{2}\rho_1 v_1^2 + \rho_1 g h_1 = P_2 + \frac{1}{2}\rho_2 v_2^2 + \rho_2 g h_2$$

평균 높이(h)가 동일하므로

$$P_1 + \frac{1}{2}\rho v_1^2 = P_2 + \frac{1}{2}\rho v_2^2 \quad (\because v_2 = \frac{A_1}{A_2} v_1 \text{이므로})$$

$$\Delta P = P_1 - P_2 = \frac{1}{2}\rho v_2^2 - \frac{1}{2}\rho v_1^2$$

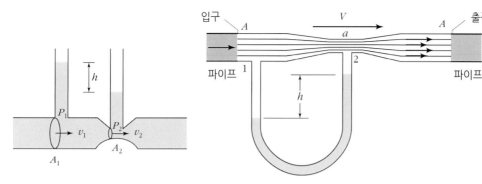

그림 1.11 유속에 따른 압력 변화   그림 1.12 벤튜리 유량계

$$= \frac{1}{2} \rho \left(\frac{A_1}{A_2} v_1 \right)^2 - \frac{1}{2} \rho v_1^2$$

$$= \frac{\rho v_1^2}{2} \left[\left(\frac{A_1}{A_2} \right)^2 - 1 \right]$$

그러므로 그림에서와 같이 $A_1 > A_2$인 경우 $v_1 < v_2$가 되고 이 관계를 위의 식에 적용하면 $P_1 > P_2$가 되어야 한다. 즉, 관경이 작아져 유속이 커지면 유체가 만드는 압력은 작아져 그림 1.12에서와 같이 U자관 내의 유체의 높이가 달라진다. 이것을 벤튜리(Venturi) 유량계라 한다.

이와 같은 원리는 야구공의 회전력에 의해 공이 휘어지게 되며, 비행기 날개 구조에 의해 양력(lift force)을 발생시키는 현상을 나타낸다.

5. 유체의 점성(viscosity)

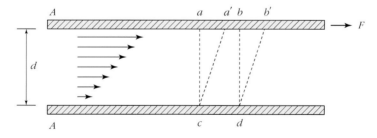

그림 1.13 점성 유체와 유체층의 변형

판을 움직이는 데 소요되는 힘 : F

$$F \propto \frac{\eta v A}{d}$$

$$F = \frac{\eta v A}{d}$$

여기서, η : 유체의 점성계수

v : 유체의 속도

A : 판의 면적

d : 판 사이의 거리

즉, 유체의 점성계수 : η

$$\eta = \frac{Fd}{vA}$$

단위는 $\dfrac{\text{N} \cdot \text{m}}{\text{m/s} \cdot \text{m}^2} = \dfrac{\text{N} \cdot \text{s}}{\text{m}^2}$ 또는 $\text{dyn} \cdot \dfrac{\text{sec}}{\text{cm}^2}$

$\text{dyn} \cdot \dfrac{\text{sec}}{\text{cm}^2} = $ 포아즈(poise)라 한다.

구형 물체가 유체 속을 움직일 때 저항력은 다음과 같다.

[스토크스의 정리(Stoke's theorem)]

$\therefore\ R = 6\pi r \eta v\,[\text{N 또는 dyn}]$

구의 표면적 $= 4\pi r^2$

유체의 거리 $\fallingdotseq \dfrac{2r}{3}$

구의 부피 $= \dfrac{4\pi r^3}{3}$

1-5. 열현상

학습 목표	• 열현상에 대한 정의를 알 수 있도록 한다.

[1] 온도와 열

온도(temperature) : 물체의 차고 더운 정도를 수치로 나타내는 것

온도척도(temperature scale) : 온도를 재기 위한 자

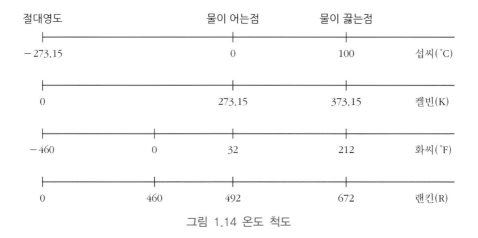

그림 1.14 온도 척도

섭씨척도 : 1 atm 하에서 물이 어는점을 0℃, 끓는점을 100℃로 100등분한 것

화씨척도 : 어는점과 끓는점을 각각 30°F, 212°F로 하여 180등분한 것

$$1℃ 의 변화 = (\frac{9}{5})°F 변화$$

섭씨 0℃ 일 때 화씨는 32°F이므로

$$°F = (\frac{9}{5})℃ + 32$$

$$℃ = \frac{5}{9}(°F - 32)$$

압력이 일정할 경우 기체의 부피 팽창률은 대략 $\frac{1}{273}$ 이다.

1. 샤를의 법칙(Charles' law)

기체의 압력이 일정할 때, 기체의 부피는 온도가 1℃ 상승할 때마다 0℃일 때 부피의 $\frac{1}{273}$ 씩 증가한다.

$$\therefore \ V = V_0(1 + \frac{t}{273})$$

"압력이 일정할 때 일정량의 기체의 부피는 절대온도에 비례한다."

온도가 -273℃일 때 기체의 부피는 "0"이 된다.

이와 같이 이론적으로 기체의 부피가 "0"이 되는 최저온도인 -273℃를 "절대영도"라고 한다. 이 온도만을 진정한 의미의 "0°"로 보고 이때부터 온도의 눈금을 섭씨와 동일한 간격으로 매겨 나갈 경우 이를 켈빈온도(Kelvin's scale)라 한다.

절대온도(absolute temperature)

$$\therefore \ °K = 273 + t[℃]$$

2. 보일-샤를의 법칙(Boyle's—Charles' law)

밀폐된 용기 속의 기체의 압력은 용기 부피에 반비례하고 그 절대온도에 비례한다.

$$\frac{P_1 V_1}{T_1} = \frac{P_2 V_2}{T_2}$$

$$\frac{PV}{T} = C(\text{일정})$$

표준상태(0℃=273°K, 1 atm=1.013×10^5 [N/m^2])에서는 기체의 종류에 관계없이 1 [mol]의 부피가 약 22.4l이므로 1 [mol]의 기체에 대하여 C를 R로 나타내면

기체상수(ideal constant) : R

$$\therefore \ R = \frac{PV}{T}$$

$$= \frac{1.013 \times 10^5 [\text{N/m}^2] \times 22.4 \times 10^{-3} [\text{m}^3/\text{mol}]}{273 [°\text{K}]}$$

$$= 8.31 \left[\frac{\text{J}}{°\text{K} \cdot \text{mol}} \right]$$

온도가 극히 낮아지거나, 압력이 높아지면 보일-샤를의 법칙은 성립하지 않는다. 따라서 이 법칙이 정확히 적용되는 범주 안에서의 기체를 이상기체(ideal gas)라 한다.

• 1 [mol]의 기체에 대하여 : $PV = RT$

• 압력과 온도가 서로 같은 n[mol]의 기체 부피는

    1 [mol] 부피의 n배이므로 $PV = nRT$

이상기체의 상태 방정식(equation of state)은 다음과 같다.

$$\therefore \ PV = nRT$$

브라운 운동(Brownian motion)은 기체분자들이 계속 빠른 속도로 무질서하게 운동하며 용기의 벽과 충돌하여 벽에 압력을 가할 때 이러한 분자들의 무질서한 운동을 말한다.

찬물 속에 뜨거운 물체를 넣으면 물체는 식고 물은 더워진다. 이는 물체로부터 에너

지가 나와 물로 전달되기 때문에 나타나는 결과로 이와 같이 온도차가 있을 때 온도가 높은 곳에서 낮은 곳으로 이동하는 에너지의 한 형태를 열(heat)이라고 한다.

열을 측정하는 단위는 cal 또는 kcal를 많이 쓰는데 이들 정의는 다음과 같다.

    1 [cal] : 순수한 물 1 [g]을 1[℃] 높이는 데 필요한 열량

    1 [kcal] : 순수한 물 1 [kg]을 1[℃] 높이는 데 필요한 열량

    1 [BTU] : 순수한 물 1 [LB]를 1[°F] 높이는 데 필요한 열량

질량이 m인 물질의 온도를 t[℃] 올리기 위한 열량(heat quantity) : Q

    ∴ $Q = mct$

    단, c는 비열(specific heat)이다.

어떤 물질 온도를 1[℃] 올리는 데 필요한 열량(heat quantity), 즉 열용량(heat capacity ; H)은 다음과 같다.

    ∴ $H = mc$

비열(specific heat) : c

: 어떤 물질 1 [g]을 1[℃] 높이는 데 필요한 열량

  어떤 물질 1 [kg]을 1[℃] 높이는 데 필요한 열량

    ∴ $c = \dfrac{Q}{mt}$

    단위 $[\dfrac{cal}{g \cdot ℃}$ 또는 $\dfrac{kcal}{kg \cdot ℃}]$ 또는 $[\dfrac{BTU}{Lb \cdot °F}]$

    정압비열(C_p) : 압력을 일정하게 한 상태에서 측정한 비열

    정적비열(C_v) : 체적(부피)를 일정하게 한 상태에서 측정한 비열

    ※ 정압비열(C_p)이 정적비열(C_v)보다 큰 이유 : 분자운동에너지가 크기 때문

    ※ 비열비(k)

    ∴ 비열비(k) $= \dfrac{C_p}{C_v} > 1$

1-6. 열팽창과 열의 이동

• 열팽창과 열의 이동에 대한 정의를 알 수 있도록 한다.

[1] 열팽창

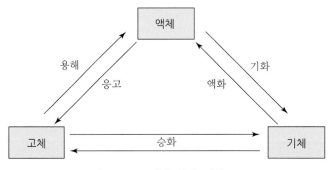

그림 1.15 물질의 상태 변화

표 1.1 물질의 융해열과 기화열

물질	융해열(cal/g)	융해온도(℃)	기화열(cal/g)	기화온도(℃)
물	80	0	540	100
알코올	26	−114	200	78
벤젠	30	6	94	80
수은	3	−39	71	357

물의 경우 −5℃ 얼음이 0℃ 얼음이 되는 데는 mct만큼의 열량이 필요하고 0℃의 물이 되기 위해서는 다시 1 g당 80 cal의 열인 융해열이 필요하게 된다.

예 1 −5℃ 얼음이 0℃ 물이 되기 위한 열량은 얼마인가?

Q = 현열(감열) (mct) + 융해열(잠열) (1 g당 80 cal)

예 2 98℃인 물이 100℃의 수증기가 되기 위한 열량은 얼마인가?

Q = 현열(감열) (mct) + 기화열(잠열) (1 g당 540 cal)

※ 융해잠열 : 고체에서 액체로 변하는 데 필요한 열
※ 응고잠열 : 액체에서 고체로 변하는 데 필요한 열

※ 증발(기화)잠열 : 액체에서 기체로 변하는 데 필요한 열

※ 응축(액화)잠열 : 기체에서 액체로 변하는 데 필요한 열

[2] 열의 이동 방법 : 전도, 대류, 복사

1. 전도(thermal conduction)

열이 직접적인 물질의 접촉에 의해 전달되는 것

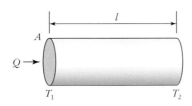

그림 1.16 물질의 전도

t초 동안 물체를 통해서 이동하는 열량 : Q

$$\therefore \; Q = k \cdot \frac{A(T_1 - T_2)}{l} \cdot t$$

> A : 단면적
> l : 길이
> T_1, T_2 : 물체 양단의 온도
> t : 시간
> k : 열전도율

2. 대류(convection)

액체나 기체는 온도가 높은 부분은 밀도가 낮아져서 위로 올라가고 온도가 낮은 부분은 밀도가 높아져서 아래로 내려오게 되면서 열이 이동하는 것으로 열팽창률이 큰 액체나 기체가 더 활발해진다.

3. 복사(radiation)

복사선을 흡수하는 물체는 열을 받게 되는 것(열 반사)이며, 적외선(infrared ray)은 눈에 보이지 않는 복사선을 말한다.

[3] 열역학 법칙

1. 열역학 제1법칙(에너지 보존 법칙)

일과 열의 환산 관계는 다음과 같다.

$$\therefore \ Q = A \cdot W$$

$$\therefore \ W = J \cdot Q$$

Q : 열량(kcal)

W : 일량(kg·m)

A : 일의 열당량($\dfrac{1}{427}[\dfrac{\text{kcal}}{\text{kg} \cdot \text{m}}]$)

J : 열의 일당량($427[\dfrac{\text{kg} \cdot \text{m}}{\text{kcal}}]$)

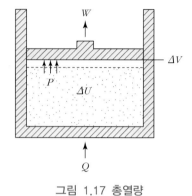

그림 1.17 총열량

엔탈피, 전열량, 총열량 : h 또는 i

: 어떤 물질 1 [kg]이 가지고 있는 열량[$\dfrac{\text{kcal}}{\text{kg}}$]의 총합

$$\therefore \ i, \ h = 내부에너지 + 외부에너지$$

$$= u + W$$

$$= u + P \cdot V$$

P : 용기압력

V : 용기체적

- 팽창밸브에서의 단열 팽창 시 엔탈피의 변화가 없다.
- 모든 냉매의 0[℃] 포화액의 기준 엔탈피 : 100 [kcal/kg]

2. 열역학 제2법칙(열 이동의 법칙)

열은 고온에서 저온으로 이동

엔트로피(S, $\dfrac{\text{kcal}}{\text{kg} \cdot °\text{K}}$)

: 어떤 물질이 가지고 있는 열량(엔탈피)을 그때의 절대온도로 나눈 것

$$\therefore \ \Delta S = \dfrac{\Delta Q}{T}[\dfrac{\text{kcal}}{\text{kg} \cdot °\text{K}}]$$

열의 출입이 없는 단열변화(단열압축, 압축기)는 엔트로피의 변화가 없다.

- 모든 냉매의 0[℃] 포화액의 기준 엔트로피 : 1[$\dfrac{\text{kcal}}{\text{kg}}$]

01 밀도의 정의를 설명하시오.

02 단위 'cc' 'g' 'l'의 정의를 설명하시오.

03 비중의 정의를 설명하시오.

04 비중량의 정의를 설명하시오.

05 비체적의 정의를 설명하시오.

06 단면적이 10 [cm^2], 밀도 2.7 [$\frac{\text{g}}{\text{cm}^3}$]인 알루미늄 봉이 있다. 이 사각봉의 질량이 270 [g]이라면 길이는 몇 cm인가?

07 체적이 100 [cm^3]인 철의 원형 봉이 있다. 철의 밀도가 7.8[$\frac{\text{g}}{\text{cm}^3}$], 중력가속도가 10 [$\frac{\text{m}}{\text{s}^2}$]일 때 이 원형 봉의 무게는 얼마인가?

08 질량이 600 [kg], 부피가 10 [cm^3]인 물체의 밀도는 얼마인가?

09 철의 밀도가 7.8 [$\frac{\text{g}}{\text{cm}^3}$]이다. 이때 철의 비중은 얼마인가?

10 압력의 정의를 설명하시오.

11 대기압의 정의에 대하여 설명하시오.

12 물질의 상태 변화에 대하여 설명하시오.

13 현열(감열)과 잠열에 대하여 설명하시오.

14 열의 이동 방법인 전도, 대류, 복사에 대하여 설명하시오.

15 압력이 100 [MPa], 하중이 300 [MN]이 작용하는 피스톤의 단면적은 몇 [m^2]인가?

16 1 [atm]은 몇 [Pa]인가?

17 일정 시간 동안 물체를 통해서 이동하는 열량에 관한 관계식을 쓰고 설명하시오.

18 −15℃ 얼음이 0℃ 물이 되기 위한 열량을 구하시오.

19 90℃인 물이 100℃의 수증기가 되기 위한 열량을 구하시오.

20 비체적의 정의에 대하여 설명하시오.

학습 2 용접 설계를 위한 단위와 삼각함수

2-1. 국가별 공업규격

학습 목표	• 국가별 공업규격에 대하여 알 수 있도록 한다.

[1] 표준화의 목적

(1) 설계자의 수고를 줄일 수 있다.

(2) 공업기술의 향상, 생산의 합리화 및 작업의 단순 공정화에 유익하다.

(3) 전용 공작기계의 사용이 가능하게 되어 우수한 제품을 제작하게 됨으로써 원가 절감 및 대량 생산이 가능하다.

(4) 호환성이 있어 편리하다.

(5) 우리나라는 KS규격(한국산업규격 ; Korea Industrial Standard)을 제정하여 시행하고 있다.

(6) ISO(국제표준화기구 ; Industrial Standardization Organization)를 통하여 국제적으로도 표준화 사업이 진행되고 있다.

[2] 여러 나라의 공업규격

표 2.1 여러 나라의 공업규격

국가 규격명칭	기호	명칭	설정연도
한국산업규격	KS	Korean Industrial Standard	1962
일본공업규격	JIS	Japan Industrial Standard	1921
미국공업규격	ANSI	American National Standards Institute	1918
영국공업규격	BS	British Standard	1901
독일공업규격	DIN	Deutsche Industrie Norman	1917
스위스공업규격	VSM	Norman des Vereins Scheweirerischer Machinendustrieller	1918
국제표준화기구	ISO	International Organization for Standardization	1928

2-2. 단위

<table>
<tr><td>학습 목표</td><td>•단위에 대한 정의를 알 수 있도록 한다.</td></tr>
</table>

[1] 단위계

- 기본량 : 다른 물리량과 관계없이 독립해서 단위가 주어지는 것과 같은 물리량
- 기본 단위 : 기본량의 단위
- 조립량(유도량) : 기본량을 조합해서 정의된 양
- 조립 단위(유도 단위) : 조립량의 단위
- 절대 단위계 : 기본량에 길이, 질량, 시간을 잡고, 이들의 단위를 기본으로 다른 질량의 단위를 유도한 것
- 중력 단위계 또는 공업단위계 : 일정 질량에 작용하는 중력을 기본 단위의 하나로 사용하는 단위계
- 1973년 2월에 국제표준화기구가 설립된 후 SI단위를 사용하고 있다.

표 2.2 역학에 관한 각 단위계의 비교

단위 비교			길이(L)	질량(M)	시간(T)	힘(F)
미터법	절대단위	SI	m	kg	s	N
		MKS	m	kg	s	N, $kg \cdot m/s^2$
		CGS	cm	g	s	dyn, $g \cdot cm/s^2$
	중력 단위		m	$kgf \cdot m/s^2$	s	kgf

[2] SI단위(International System Unit)

- SI단위는 기본 단위(7개)와 보조 단위(2개) 및 이들 단위로 만들어진 조립 단위이다.
- SI단위의 10의 멱수배를 나타내는 접두어가 만들어져 있다.
  SI단위의 10의 멱수배＝SI 접두어×SI단위

표 2.3 SI 기본 단위

양	측정 단위	단위 기호	양	측정 단위	단위 기호
길이	미터	m	열역학온도	켈빈	K
질량	킬로그램	kg	몰질량	몰	mol
시간	초	s	광도	칸델라	cd
전류	암페어	A			

표 2.4 SI 보조 단위

양	측정 단위	단위 기호
평면각	라디안	rad
입체각	스테라디안	sr

표 2.5 고유 명칭을 가진 SI 조립 단위

양	단위 명칭	단위 기호	정의
주파수	헤르츠	Hz	s^{-1}
힘	뉴턴	N	$kg \cdot m/s^2$
압력·응력	파스칼	Pa	N/m^2
에너지·일량·열량	줄	J	$N \cdot m$
작업률(공률)	와트	W	J/s
전기량, 전하	쿨롬	C	$A \cdot s$
전압, 전위	볼트	V	W/A
정전 용량	패럿	F	C/V
전기 저항	옴	Ω	V/A
컨덕턴스	지멘스	S	A/V
자속	웨버	Wb	$V \cdot s$
자속밀도	테라	T	Wb/m^2
인덕턴스	헨리	H	Wb/A
섭씨 온도	섭씨	℃	$t℃ = (t + 273.15)K$
광속	루멘	lm	$cd \cdot sr$
조도	럭스	lx	lm/m^2

표 2.6 SI 접두어

배수	접두어	기호	배수	접두어	기호
10^{18}	엑사	E	10^{-1}	데시	d
10^{15}	페타	P	10^{-2}	센티	c
10^{12}	테라	T	10^{-3}	밀리	m
10^{9}	기가	G	10^{-6}	마이크로	μ
10^{6}	메가	M	10^{-9}	나노	n
10^{3}	킬로	k	10^{-12}	피코	p
10^{2}	헥토	h	10^{-15}	펨토	f
10^{1}	데카	da	10^{-18}	아토	a

[3] 힘의 단위

종례에는 중력 단위인 kg을 힘의 단위로 써왔으나, SI단위에서는 kg이 질량 단위이므로 중력 단위로 kg힘이라고 하고 kgf(또는 kgw)로 나타냈다. 그러나 최근에는 SI단위를 기본으로 전 세계적으로 사용하고 있다. 따라서 우리나라도 국제표준을 따라 SI단위를 기본으로 채택하여 사용하고 있다.

힘의 단위는 뉴턴 [N]으로 나타낸다.(뉴턴 제2법칙)

$$\therefore \ F = m \cdot a$$

힘(N) = 질량(kg)×가속도(m/s²)

$1 \ [N] = 1 \ [kg] \times 1 \ [m/s^2] = 1 \ [kg \cdot m/s^2]$

중력 단위와의 관계 : 중력가속도(g) = 9.80665 [m/s²]이므로

$1 \ [kgf ; 킬로그램 \ 힘] = 9.80665 \ [kg \cdot m/s^2]$

$1 \ [kgf] = 1 \ [kg] \times 9.8 \ [m/s^2] = 9.8 \ [kg \cdot m/s^2]$

$\qquad = 9.80665 \ [N] \fallingdotseq 9.81 \ [N] \fallingdotseq 10 \ [N]$

$1 \ [N] \fallingdotseq 1/9.81 \ [kgf] \fallingdotseq 0.102 \ [kgf]$

$1 \ [kN ; 킬로뉴턴] = 10^3 \ [N]$

$1 \ [MN ; 메가뉴턴] = 10^6 \ [N]$

[4] 압력과 응력의 단위

압력과 응력은 단위 면적당 힘으로 정의한다.

SI단위에서는 [N/m²]로 표시하고 파스칼 [Pa]이라 부른다. 이밖에도 [N/cm²], [N/mm²] 등을 사용한다. 지금까지 유체의 압력으로 [kgf/cm²]이 사용되었으나 이제는 국제표준화 규격인 SI단위로 [kPa], [MPa]로 환산하여 사용하고 있다.

[5] 힘, 일, 작업률의 단위

1. 힘의 단위

중력계에서는 [kgf·m]를 사용하였으나 SI단위에서는 [N·m]를 사용한다.

$$1 \ [\text{kgf} \cdot \text{m}] = 9.8 \ [\text{N} \cdot \text{m}] = 9.8 \ [\text{J}]$$

2. 일의 단위 [N·m]

SI단위에서는 1 N의 힘으로 1 m를 움직일 때를 일의 단위로 하고 이것을 1 [J]이라고 한다.

$$1 \ [\text{N} \cdot \text{m}] = 1 \ [\text{J}] = 1 \ [\text{kg} \cdot \text{m}^2/\text{s}^2]$$

3. 작업률

단위 시간 사이에 하는 일의 크기를 작업률의 정의라 한다. 기계 공학에서는 동력이라 하고, 물리학에서는 공률이라고 한다. 작업률의 단위는 SI단위로 [J/S]이고, 이것을 와트 [W]라 한다.

$$1 \ [\text{J/S}] = 1 \ [\text{W}] = 1 \ [\text{N} \cdot \text{m/s}] = 1 \ [\text{kg} \cdot \text{m}^2/\text{s}^2]$$

$$1 \ [\text{PS}] = 75 \ [\text{kgf} \cdot \text{m/s}] = 735.5 \ [\text{W}] = 0.7355 \ [\text{kW}]$$

$$1 \ [\text{kW}] = 101.9716 \ [\text{kgf} \cdot \text{m/s}] \fallingdotseq 102 \ [\text{kgf} \cdot \text{m/s}]$$

$$1 \ [\text{kW}] = 1000 \ [\text{N} \cdot \text{m/s}]$$

2-3. 삼각함수

[1] 각의 단위

각을 나타내는 단위에는 호도법과 도수법이 있다.

호도법은 반지름의 길이가 r인 원에서 호의 길이가 r일 때 그 중심각의 크기를 1라디안(radian)이라 부르며 SI단위로 국제적으로 사용하고 있다. 도수법은 예전에 0~360°로 사용했던 단위로, 현재는 국제적으로 사용되지 않는 단위이다. 따라서 삼각함수를 나타내는 각도 단위는 라디안(radian) 단위를 사용한다.

'degree'와 'rad'과의 관계는 다음과 같다.

$$180° = \pi[\mathrm{rad}] \qquad 90° = \frac{\pi}{2}[\mathrm{rad}]$$
$$360° = 2\pi[\mathrm{rad}] \qquad 270° = \frac{3\pi}{2}[\mathrm{rad}]$$

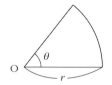

그림 2.1 원호와 반지름, 각도의 관계

따라서 'degree' 단위를 'rad' 단위로 바꾸기 위해서

$$(\ \ )° \times \frac{\pi[\mathrm{rad}]}{180°} = (\ \ )[\mathrm{rad}]$$으로 된다.

[2] 호의 길이와 부채꼴의 면적

반지름의 길이가 r인 원에서 중심각이 $\theta[\mathrm{rad}]$인 부채꼴 호의 길이(l)과 면적(S)는 다음과 같이 구한다.

$$\therefore l = r \cdot \theta$$

$$\therefore S = \frac{1}{2} \cdot r^2 \cdot \theta$$

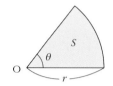

그림 2.2 원호와 면적의 관계

[3] 삼각비

그림과 같이 $\triangle ABC$와 $\triangle AB'C'$에서 θ에 대한 $\dfrac{\text{높이}}{\text{빗변}}$ 값은 일정하게 된다. 이것을 이용하여 sin, cos, tan를 다음과 같이 정의한다.

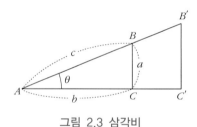

그림 2.3 삼각비

$$\sin A = \frac{\text{높이}}{\text{빗변}} = \frac{a}{c} \qquad\qquad \mathrm{cosec}\,A = \frac{\text{빗변}}{\text{높이}} = \frac{1}{\sin A} = \frac{c}{a}$$

$$\cos A = \frac{\text{밑변}}{\text{빗변}} = \frac{b}{c} \qquad\qquad \sec A = \frac{\text{빗변}}{\text{밑변}} = \frac{1}{\cos A} = \frac{c}{b}$$

$$\tan A = \frac{\text{높이}}{\text{밑변}} = \frac{a}{b} \qquad\qquad \cot A = \frac{\text{밑변}}{\text{높이}} = \frac{1}{\tan A} = \frac{b}{a}$$

[4] 원의 삼각함수

반지름이 r인 원주상에 $(+)x$축을 기준으로 θ각만큼 회전했을 때 점 P의 좌표값 $(x,\ y)$ 값은 다음과 같이 정의한다.

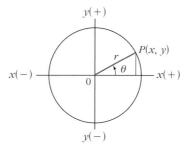

그림 2.4 원의 삼각함수

$$\sin\theta = \frac{y}{r} \qquad\qquad \csc\theta = \frac{r}{y}$$

$$\cos\theta = \frac{x}{r} \qquad\qquad \sec\theta = \frac{r}{x}$$

$$\tan\theta = \frac{y}{x} = \frac{\sin\theta}{\cos\theta} \qquad \cot\theta = \frac{x}{y}$$

위의 식에서 x, y값은 다음과 같이 얻을 수 있다.

$$x = r \cdot \cos\theta$$

$$y = r \cdot \sin\theta$$

반지름 r의 값이 1인 단위 원에 있어서는

$$x = 1 \cdot \cos\theta = \cos\theta$$

$$y = 1 \cdot \sin\theta = \sin\theta$$

이고, 단위 원의 방정식은 다음과 같다.

$$x^2 + y^2 = 1^2$$

$$x^2 + y^2 = 1$$

즉,

$$\sin^2\theta + \cos^2\theta = 1^2$$

$$\sin^2\theta + \cos^2\theta = 1$$

아울러, 단위 원에 대한 삼각함수 관계는 다음과 같다.

$$\sin\left(\frac{\pi}{2} - \theta\right) = \cos\theta \qquad\qquad \sin\left(\frac{\pi}{2} + \theta\right) = \cos\theta$$

$$\cos\left(\frac{\pi}{2} - \theta\right) = \sin\theta \qquad\qquad \cos\left(\frac{\pi}{2} + \theta\right) = -\sin\theta$$

$$\tan(\frac{\pi}{2}-\theta)=\cot\theta \qquad \tan(\frac{\pi}{2}+\theta)=-\cot\theta$$

$$\sin(\pi-\theta)=\sin\theta \qquad \sin(\pi+\theta)=-\sin\theta$$

$$\cos(\pi-\theta)=-\cos\theta \qquad \cos(\pi+\theta)=-\cos\theta$$

$$\tan(\pi-\theta)=-\tan\theta \qquad \tan(\pi+\theta)=\tan\theta$$

[5] 삼각함수 덧셈 및 2배각의 공식

두 개의 각 α, β에 대하여 $\alpha+\beta$의 삼각함수를 α와 β의 삼각함수로 나타내는 것을 덧셈 정리라 한다.

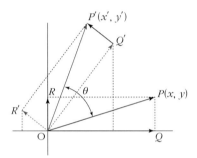

그림 2.5 삼각함수 덧셈 및 2배각의 공식(1)

그림과 같이 $\overline{OP}$ 좌표가 $\overline{OP'}$ 좌표로 중심 O점을 기준으로 θ만큼 회전했을 때 삼각함수 변화를 보면

$\overline{OQ'}=\overline{OQ}=x$ 이므로

Q'의 좌표는 $\therefore\ Q'(x\cdot\cos\theta,\ x\cdot\sin\theta)$

$\overline{OR'}=\overline{OR}=y$ 이므로

R'의 좌표는

$\qquad R'(y\cdot\cos(90°+\theta),\ y\cdot\sin(90°+\theta))$

$\qquad =R'(y\cdot-\sin\theta,\ y\cdot\cos\theta)$

$\qquad =R'(-y\cdot\sin\theta,\ y\cdot\cos\theta)$

$\qquad P'(x',\ y')$

$$\begin{Bmatrix} x'=x\cdot\cos\theta-y\cdot\sin\theta \\ y'=x\cdot\sin\theta+y\cdot\cos\theta \end{Bmatrix}$$

이 관계식을 행렬식으로 표시할 수 있다.

$$\begin{pmatrix} x' \\ y' \end{pmatrix} = \begin{pmatrix} \cos\theta, & -\sin\theta \\ \sin\theta, & \cos\theta \end{pmatrix} \begin{pmatrix} x \\ y \end{pmatrix}$$

$$= \begin{pmatrix} \cos\theta \cdot x - \sin\theta \cdot y \\ \sin\theta \cdot x + \cos\theta \cdot y \end{pmatrix}$$

이번에는 $\overline{OP}$ 좌표가 $\overline{OP'}$ 좌표로 α각으로 회전하고, 다시 $\overline{OP'}$좌표에서 $\overline{OP''}$좌표로 β각으로 회전했을 때 삼각함수 변화를 알아보자.

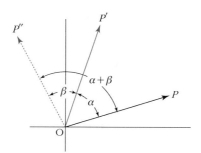

그림 2.6 삼각함수 덧셈 및 2배각의 공식(2)

위의 정리한 같은 방법으로 행렬식은 똑같이 나타나므로 f , g를 나타내는 행렬을 각각 $A,\ B$라 하면 다음과 같다.

$$A = \begin{pmatrix} \cos\alpha, & -\sin\alpha \\ \sin\alpha, & \cos\alpha \end{pmatrix} \qquad B = \begin{pmatrix} \cos\beta, & -\sin\beta \\ \sin\beta, & \cos\beta \end{pmatrix}$$

이때 합성변환 g , f를 나타내는 행렬을 C라 하면 $C = B \cdot A$와 같으므로

$$C = B \cdot A$$

$$= \begin{pmatrix} \cos\beta, & -\sin\beta \\ \sin\beta, & \cos\beta \end{pmatrix} \begin{pmatrix} \cos\alpha, & -\sin\alpha \\ \sin\alpha, & \cos\alpha \end{pmatrix}$$

$$= \begin{pmatrix} \cos\beta \cdot \cos\alpha - \sin\beta \cdot \sin\alpha, & -\cos\beta \cdot \sin\alpha - \sin\beta \cdot \cos\alpha \\ \sin\beta \cdot \cos\alpha + \cos\beta \cdot \sin\alpha, & -\sin\beta \cdot \sin\alpha + \cos\beta \cdot \cos\alpha \end{pmatrix}$$

$$= \begin{pmatrix} \cos\alpha \cdot \cos\beta - \sin\alpha \cdot \sin\beta, & -\sin\alpha \cdot \cos\beta - \cos\alpha \cdot \sin\beta \\ \cos\alpha \cdot \sin\beta + \sin\alpha \cdot \cos\beta, & -\sin\alpha \cdot \sin\beta + \cos\alpha \cdot \cos\beta \end{pmatrix}$$

같이 행렬식을 만들 수 있다.

이제는 $(\alpha + \beta)$만큼 회전했다고 가정해 보면, 마찬가지로 행렬식을 정리할 수 있다.

$$C = \begin{pmatrix} \cos(\alpha + \beta), & -\sin(\alpha + \beta) \\ \sin(\alpha + \beta), & \cos(\alpha + \beta) \end{pmatrix}$$

$$= \begin{pmatrix} \cos\alpha \cdot \cos\beta - \sin\alpha \cdot \sin\beta, & -\sin\alpha \cdot \cos\beta - \cos\alpha \cdot \sin\beta \\ \cos\alpha \cdot \sin\beta + \sin\alpha \cdot \cos\beta, & -\sin\alpha \cdot \sin\beta + \cos\alpha \cdot \cos\beta \end{pmatrix}$$

따라서 삼각함수의 덧셈 정리는 다음과 같이 할 수 있다.

$$\therefore \ \cos(\alpha + \beta) = \cos\alpha \cdot \cos\beta - \sin\alpha \cdot \sin\beta$$

$$\therefore \ \sin(\alpha + \beta) = \cos\alpha \cdot \sin\beta + \sin\alpha \cdot \cos\beta$$

$$\tan(\alpha + \beta) = \frac{\sin(\alpha + \beta)}{\cos(\alpha + \beta)}$$

$$= \frac{\cos\alpha \cdot \sin\beta + \sin\alpha \cdot \cos\beta}{\cos\alpha \cdot \cos\beta - \sin\alpha \cdot \sin\beta} \times \frac{\left(\dfrac{1}{\cos\alpha \cdot \cos\beta}\right)}{\left(\dfrac{1}{\cos\alpha \cdot \cos\beta}\right)}$$

$$= \frac{\left(\dfrac{\cos\alpha \cdot \sin\beta}{\cos\alpha \cdot \cos\beta} + \dfrac{\sin\alpha \cdot \cos\beta}{\cos\alpha \cdot \cos\beta}\right)}{\left(\dfrac{\cos\alpha \cdot \cos\beta}{\cos\alpha \cdot \cos\beta} - \dfrac{\sin\alpha \cdot \sin\beta}{\cos\alpha \cdot \cos\beta}\right)}$$

$$= \frac{\left(\dfrac{\cos\alpha \cdot \sin\beta}{\cos\alpha \cdot \cos\beta} + \dfrac{\sin\alpha \cdot \cos\beta}{\cos\alpha \cdot \cos\beta}\right)}{\left(1 - \dfrac{\sin\alpha \cdot \sin\beta}{\cos\alpha \cdot \cos\beta}\right)}$$

$$\therefore \ \tan(\alpha + \beta) = \frac{\tan\alpha + \tan\beta}{1 - \tan\alpha \cdot \tan\beta}$$

$$\therefore \ \tan(\alpha - \beta) = \frac{\tan\alpha - \tan\beta}{1 + \tan\alpha \cdot \tan\beta}$$

다음으로 삼각함수의 2배각의 정의에 대하여 알아보자.

$$+\begin{vmatrix} \cos(\alpha + \beta) = \cos\alpha \cdot \cos\beta - \sin\alpha \cdot \sin\beta \\ \cos(\alpha - \beta) = \cos\alpha \cdot \cos\beta + \sin\alpha \cdot \sin\beta \end{vmatrix}$$

$$\cos(\alpha + \beta) + \cos(\alpha - \beta) = 2 \cdot \cos\alpha \cdot \cos\beta$$

$$\cos(\alpha - \beta) + \cos(\alpha + \beta) = 2 \cdot \cos\alpha \cdot \cos\beta$$

$$\cos\alpha \cdot \cos\beta = \frac{1}{2}(\cos(\alpha - \beta) + \cos(\alpha + \beta))$$

$$\cos\alpha \cdot \cos\beta = \frac{1}{2} \cdot \cos(\alpha - \beta) + \frac{1}{2} \cdot \cos(\alpha + \beta)$$

만약 $\alpha = \beta = \theta$일 경우

$$\therefore \ \cos^2\theta = \frac{1}{2} + \frac{1}{2} \cdot \cos 2\theta$$

$$-\left|\begin{array}{l}\cos(\alpha-\beta)=\cos\alpha\cdot\cos\beta+\sin\alpha\cdot\sin\beta \\ \cos(\alpha+\beta)=\cos\alpha\cdot\cos\beta-\sin\alpha\cdot\sin\beta\end{array}\right.$$

$$\cos(\alpha-\beta)-\cos(\alpha+\beta)=2\cdot\sin\alpha\cdot\sin\beta$$

$$\sin\alpha\cdot\sin\beta=\frac{1}{2}(\cos(\alpha-\beta)-\cos(\alpha+\beta))$$

$$\sin\alpha\cdot\sin\beta=\frac{1}{2}\cdot\cos(\alpha-\beta)-\frac{1}{2}\cdot\cos(\alpha+\beta)$$

만약 $\alpha=\beta=\theta$일 경우

$$\therefore \sin^2\theta=\frac{1}{2}-\frac{1}{2}\cdot\cos2\theta$$

$$+\left|\begin{array}{l}\sin(\alpha-\beta)=\sin\alpha\cdot\cos\beta-\cos\alpha\cdot\sin\beta \\ \sin(\alpha+\beta)=\sin\alpha\cdot\cos\beta+\cos\alpha\cdot\sin\beta\end{array}\right.$$

$$\sin(\alpha-\beta)+\sin(\alpha+\beta)=2\cdot\sin\alpha\cdot\cos\beta$$

$$\sin\alpha\cdot\cos\beta=\frac{1}{2}(\sin(\alpha-\beta)+\sin(\alpha+\beta))$$

$$\sin\alpha\cdot\cos\beta=\frac{1}{2}\cdot\sin(\alpha-\beta)+\frac{1}{2}\cdot\sin(\alpha+\beta)$$

만약 $\alpha=\beta=\theta$일 경우

$$\therefore \sin\theta\cdot\cos\theta=\frac{1}{2}\cdot\sin2\theta$$

2-4. 사인법칙과 라미의 정리

학습 목표 　　• 사인법칙과 라미의 정리에 대한 정의를 알 수 있도록 한다.

[1]　사인법칙

그림 2.7과 같이 $\triangle ABC$의 외접원 중심을 통하는 지름 $\overline{BD}$의 길이를 $2R$이라고 하면 직각 삼각형 $\triangle BDC$를 만들 수 있으며, 원에 내접하는 각 A와 각 D는 같으므

로 다음과 같이 구할 수 있다.

$$\therefore \ \sin D = \frac{A}{2R} = \sin A$$

같은 방법으로

$$\therefore \ \sin B = \frac{b}{2R} \qquad \therefore \ \sin C = \frac{c}{2R}$$

가 된다.

따라서 다음과 같이 정의할 수 있으며, 이것을 '사인의 법칙'이라 한다.

$$\therefore \ 2R = \frac{a}{\sin A} = \frac{b}{\sin B} = \frac{c}{\sin C}$$

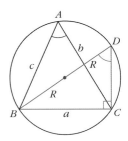

그림 2.7 사인의 법칙

[2] 라미의 정리

라미의 정리는 사인의 법칙을 응용한 것이라 할 수 있다.

그림과 같이 3방향으로 F_1, F_2, F_3의 힘이 작용하여 평형상태를 이루었을 경우, 이것은 그림 2.9의 삼각형 형태로 평형상태를 이루는 것과 같다. 따라서 다음과 같이 정의하며 이것을 '라미의 정리'라 한다.

$$\therefore \ \frac{F_1}{|\sin\theta_1|} = \frac{F_2}{|\sin\theta_2|} = \frac{F_3}{|\sin\theta_3|}$$

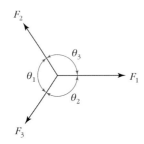

그림 2.8 라미의 정리(1)

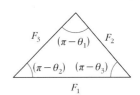

그림 2.9 라미의 정리(2)

01 표준화의 정의를 설명하시오.

02 단위계의 정의를 설명하시오.

03 SI 기본 단위의 종류에 대하여 설명하시오.

04 SI 보조 단위의 종류에 대하여 설명하시오.

05 SI 조립 단위의 종류에 대하여 설명하시오.

06 힘의 단위에 대하여 설명하시오.

07 압력과 응력의 단위에 대하여 설명하시오.

08 일의 단위에 대하여 설명하시오.

09 작업률의 단위에 대하여 설명하시오.

10 각도의 단위에 대하여 설명하시오.

11 호의 길리와 부채골의 면적에 대하여 설명하시오.

12 삼각비를 활용한 sin, cos, tan의 정의를 설명하시오.

13 원의 삼각함수 정의를 설명하시오.

14 삼각함수의 덧셈 정리를 설명하시오.

15 삼각함수 2배각의 공식에 대하여 설명하시오.

16 사인의 법칙을 설명하시오.

17 라미의 정리를 설명하시오.

18 중력단위계(공학단위계)인 10 [kgf/cm^2]은 몇 [MPa]인가?

19 $\sin\theta = \dfrac{y}{x}$ 일 때, $\sin(\pi - \theta)$값은 얼마인가?

20 그림과 같이 임의각 [θ]가 60°를 갖는 두 힘 $F_1 = 600$ [N], $F_2 = 300$ [N]이 그림과 같이 작용할 때 합력(R)과 방향(α)은?

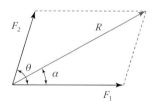

학습 3 용접 역학의 기초

3-1. 하중, 응력, 변형률

> 학습 목표 • 하중, 응력, 변형률에 대한 정의를 알 수 있도록 한다.

[1] 하중(load)

일상에서 물리량을 나타내는 단위에는 두 가지가 있다. 값의 크기만을 필요로 하는 것(스칼라량)과 크기와 방향을 필요로 하는 것(벡터량)이다.

스칼라(scalar)량은 단순히 크기만으로 기술되는 물리량으로써 대수적으로 더하고 빼거나, 곱하고, 나누면 해석이 가능하다. 예를 들어, 거리, 면적, 부피, 시간, 질량, 속력, 온도, 에너지, 일 등이 여기에 해당된다. 벡터(vector)량은 공간상에서 크기와 방향이 제시되는 물리량으로, 변위, 속도, 가속도, 힘, 모멘트, 운동량을 들 수 있다. 도식적으로는 화살표에 의해서 표시되는데, 화살표에는 작용점, 방향, 벡터의 크기가 표기된다.

힘(force)은 한 물체가 다른 물체에 작용하여 그 물체의 운동을 변화시키거나 변화시키려고 하는 것을 말한다. 힘의 크기는 뉴턴의 운동법칙으로 정의되며 물체의 질량과 운동의 가속도를 곱한 값을 힘의 크기로 정의한다.

또한, 모든 물체가 안정된 상태로 있기 위해서는 힘의 평형 상태를 유지해야만 한다. 힘의 평형 상태는 크게 두 가지 측면에서 고려해야 한다. 첫 번째는 모든 방향에서 힘의 총합이 '0'이어야 한다. 두 번째는 회전도 되지 않아야 한다는 것이다. 이것을 힘의 평형 조건이라 하는데, 강도 설계 시 반드시 만족해야 하는 조건이다.

[물체의 평형 조건]
제1법칙 : 모든 힘의 합은 '0'이어야 한다.
$$\Sigma F = 0$$
제2법칙 : 모든 모멘트의 합은 '0'이어야 한다.
$$\Sigma M = 0$$

외부로부터 물체에 작용하고 있는 힘을 외력(external force)이라 하고, 이 외력에 대하여 물체 내부에서 저항하는 힘을 내력이라고 한다. 물체가 받는 힘, 즉 물체의 저항력인 내력을 하중(load)이라고 한다.

1. 작용하는 방향에 따른 하중(load)의 종류

(1) 인장하중(tensile load)
재료를 잡아당겨 늘려주는 하중이다.

(2) 압축하중(compressive load)
재료를 눌러 수축시켜주는 하중이다.

(3) 전단하중(shearing load)
재료를 전단시키는 하중이다.

(4) 굽힘하중(bending load)
재료의 하중축선에 대해서 수직으로 작용하여 축을 굽히는 하중을 의미한다.

(5) 비틀림하중(twisting load)
축에 작용하는 하중으로 재료를 비트는 하중을 의미한다.

(6) 좌굴하중(buckling load)
재료가 자중에 의해 꺾이는 하중이다.

2. 하중의 속도에 의한 종류

(1) 정하중(static load)
정지된 상태에서 가해지는 하중으로 죽어있다는 의미의 사하중(dead load)이라고도 한다.

(2) 동하중(dynamic load)
하중의 크기가 시간에 따라 변화하는 하중으로 살아 움직인다는 의미의 활하중(live load)이라고도 한다.

(가) 반복하중(repeated load)
같은 방향의 1개의 하중이 주기적으로 작용하는 하중이다.

(나) 교번하중(alternate load)
2개 이상의 하중이 주기적으로 번갈아가며 작용하는 하중이다.

(다) 충격하중(impulsive load)

짧은 시간에 순간적으로 작용하는 하중이다.

(라) 이동하중(moving load)

교각(다리) 위를 달리는 자동차처럼 이동하면서 작용하는 하중을 말한다.

[2] 응력

단위 면적당 하중의 크기를 응력(stress)으로 정의한다. 단위는 파스칼 [Pa]이나 $[\dfrac{\text{N}}{\text{m}^2}]$로 나타낸다.

1. 수직응력(normal stress)

물체에 작용하는 응력이 전단면에 직각 방향으로 작용하는 것으로 법선응력, 축 방향의 응력이라고도 한다. 수직응력에는 인장응력과 압축응력이 있다.

(1) 인장응력(tensile stress) ; σ_t

$$\sigma_t = \frac{P_t}{A}[\text{Pa}]$$

여기서 P_t : 인장하중[N], A : 전단면적[m^2]

(2) 압축응력(compressive stress) ; σ_c

$$\sigma_c = \frac{P_c}{A}[\text{Pa}]$$

여기서 P_c : 압축하중[N], A : 전단면적[m^2]

2. 접선응력 또는 전단응력 ; τ

접선응력(tangential stress)은 전단응력(shearing load)이라고도 하며 물체에 작용하는 응력이 전단면에 나란한 방향으로 작용하는 것을 말한다.

$$\tau = \frac{P_s}{A} \ [\text{Pa}]$$

여기서 P_s : 전단하중[N], A : 전단면적[m^2]

[3] 변형률

재료에 하중이 작용할 경우 응력과 동시에 변형(deformation)이 일어난다. 이때 변형량을 원래의 길이로 나눈 것을 변형률(strain)이라 한다.

$$\epsilon = \frac{\lambda}{l}$$

　　　ϵ : 세로 변형률

　　　λ : 변형량

　　　l : 원래의 길이

1. 종(세로)변형률(longitudinal strain)

재료에 축 방향의 하중이 작용할 때 축 방향의 순수 변형량을 원래의 길이로 나눈 것을 종(세로)변형률이라 한다. 종(세로)변형률은 다시 인장 종변형률과 압축 종변형률로 나눠진다.

(1) 인장 종(세로)변형률(tensile longitudinal strain)

$$\epsilon_t = \frac{\lambda}{l} = \frac{l' - l}{l}$$

　　　ϵ_t : 종(세로)변형률

　　　λ : 변형량

　　　l : 재료의 원래 길이

　　　l' : 재료의 변형된 후의 길이

(2) 압축 종(세로)변형률(compressive longitudinal strain)

$$\epsilon_c = (-)\frac{\lambda}{l} = \frac{l' - l}{l}$$

　　　ϵ_t : 세로 변형률

　　　λ : 변형량

　　　l : 재료의 원래 길이

　　　l' : 재료의 변형된 후의 길이

여기서 $(-)$는 수축 또는 줄어들었다는 물리학적인 의미이다.

2. 횡(가로)변형률(laternal strain)

재료에 축방향의 하중이 작용할 때 축의 직각 방향의 순수 변형량을 원래의 길이로 나눈 것을 횡(가로)변형률이라 한다. 횡(가로)변형률은 다시 인장 횡변형률과 압축 횡변형률로 나눠진다.

(1) 인장 횡(가로)변형률(tensile lateral strain)

$$\epsilon_t{}' = (-)\frac{\delta}{d} = \frac{d'-d}{d}$$

 ϵ'_t : 횡(가로)변형률

 δ : 변형량

 d : 재료의 원래 직경

 d' : 재료의 변형된 후의 직경

(2) 압축 횡(가로)변형률(compressive lateral strain)

$$\epsilon_c{}' = \frac{\delta}{d} = \frac{d'-d}{d}$$

 ϵ'_t : 횡(가로)변형률

 δ : 변형량

 d : 재료의 원래 직경

 d' : 재료의 변형된 후의 직경

3. 전단 변형률

재료에 전단하중이 작용할 경우 바로 전단이 이루어지지 않고 λ_s 만큼의 전단에 따른 변형량이 발생된 후 전단이 된다. 이때 발생한 변형률을 전단 변형률(shearing strain)이라 한다.

$$\gamma = \tan\phi = \frac{\lambda_s}{l} \fallingdotseq \phi[\mathrm{rad}]$$

 γ : 전단 변형률

 λ_s : 전단 변형량

 l : 두 평면 사이의 거리

 ϕ : 전단각[rad]

4. 체적 변형률

재료에 하중이 작용할 때 순수 변화한 체적을 원래의 체적으로 나눈 것을 체적 변형률(volumetric strain)이라 한다.

$$\epsilon_v = \frac{V' - V}{V} = \frac{\triangle V}{V} \fallingdotseq \epsilon_x + \epsilon_y + \epsilon_z$$

ϵ_v : 체적 변형률

$\triangle V$: 순수 체적 변형량

V : 재료의 원래 체적

V' : 변형된 후의 체적

[4] 후크의 법칙과 탄성계수

1. 후크(Hooke)의 법칙

영국의 로버트 후크(Robert Hooke)가 균일 단면봉에 인장 시험을 한 결과 탄성한도 내에서 신장량이 힘과 재료의 길이에는 비례하고, 단면적에는 반비례한다는 것을 밝혀냈다.

$$\lambda \propto \frac{P \cdot l}{A} \qquad \lambda = \frac{1}{E} \cdot \frac{P \cdot l}{A} = \frac{P \cdot l}{A \cdot E}$$

$$\frac{\lambda}{l} = \frac{\sigma}{E} = \epsilon \quad \therefore \ \sigma = E \cdot \epsilon$$

여기서, λ : 신장량, ϵ : 변형률, l : 재료의 원래 길이

E : 탄성계수, A : 재료의 단면적

여기서 후크는 비례 관계식에 비례상수 $\frac{1}{E}$를 대입하여 관계식을 만들어 냈다. 이것을 후크의 법칙(Hooke's law)이라 한다. 이때 E값을 탄성계수(modulus of elasticity)라 하고 단위는 [Pa]이다.

2. 탄성계수

탄성계수는 종(세로)탄성계수, 횡(가로)탄성계수, 체적탄성계수가 있다.

(1) 종(세로)탄성계수(modulus of longitudinal elasticity)

수직응력과 종변형률 그리고 탄성계수의 관계를 나타내는 것으로 토마스 영(Thomas Young)이 맨 처음 수치적으로 측정하였다고 해서 Young 계수(Young's modulus) 또는 종(세로)탄성계수라 한다.

$$\therefore E = \frac{\sigma}{\epsilon} \quad \therefore \sigma = E \cdot \epsilon$$

(2) 횡(가로)탄성계수(modulus of lateral elasticity)

전단응력과 전단 변형률 그리고 탄성계수의 관계를 나타내는 것으로 전단탄성계수 또는 횡(가로)탄성계수라 한다.

$$\therefore \; G = \frac{\tau}{\gamma} \quad \therefore \; \tau = G \cdot \gamma$$

(3) 체적탄성계수(volumetric modulus)

수직응력과 체적 변형률의 비는 일정하다는 관계를 나타내는 것을 체적탄성계수라 한다.

$$\therefore \; K = \frac{\sigma}{\epsilon_V} = \frac{\dfrac{P}{A}}{\dfrac{\triangle V}{V}} = \frac{P \cdot V}{A \cdot \triangle V}$$

[5] 푸아송의 비(Poisson's ratio)

재료에 하중을 가하면 하중 방향으로 늘어나거나 줄어든다. 또한 이와 동시에 하중과 직각인 방향으로도 줄어들거나 늘어난다. 즉, 인장하중을 가하면 길이 방향으로는 늘어나고 직각 방향으로는 가늘어진다. 압축하중을 가하면 길이 방향으로는 줄어들고 직각 방향으로는 굵어진다. 이때 세로 변형률과 가로 변형률은 상호 비례하는 성질이 있고 그 비는 탄성한도 내에서는 일정하다. 이것을 푸아송의 비라고 한다.

$$\frac{\epsilon'}{\epsilon} = \frac{1}{m} = \mu \; (\text{푸아송비})$$

푸아송의 비는 $\dfrac{1}{m}$로 표시하고, 특히 m을 푸아송의 수라고 한다.

$$\mu = \frac{\epsilon'}{\epsilon} = \frac{\dfrac{\delta}{d}}{\dfrac{\sigma}{E}} = \frac{E \cdot \delta}{d \cdot \sigma} = \frac{1}{m}$$

$$\therefore \; \delta = \frac{\mu d \delta}{E} = \mu d \epsilon$$

[6] 열응력(thermal stress)

어떤 물체에 열을 가하면 자유로이 팽창과 수축을 한다. 하지만 양쪽을 구속한 상태에서 열을 가하면 팽창을 해야 하는데 팽창을 못하게 되어 압축응력을 받게 되고, 반대로 냉각시키면 수축해야 하는데 수축을 못함에 따라 인장응력이 발생하게 되는데, 이것을 열에 의한 응력 발생이라 하여 '열응력(thermal stress)'이라 한다.

1. 재료의 신축성에 따른 열응력(thermal stress)

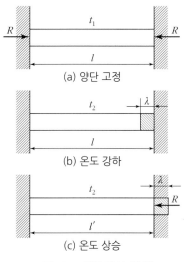

그림 3.1 열응력의 발생

모든 물체는 자유로운 상태에서 온도가 오르고 내림에 따라 고유의 신장량을 갖게 되는데 이것을 그 물체의 선팽창계수(α)라 한다.

그리고 길이(l), 처음 온도(t_1), 나중의 온도(t_2)에서 열에 의한 신장량(λ)은

$$\lambda = (l' - l) = \alpha \cdot (t_2 - t_1) \cdot l = \alpha \cdot \triangle t \cdot l$$

α : 선팽창계수(coefficient of line)

$\triangle t$: 온도의 변화량

후크의 법칙에 의거하여

E : 탄성계수, σ : 열응력

$$\therefore \sigma = E \cdot \epsilon = E \cdot \alpha \cdot \triangle t$$

$$\therefore P = \sigma \cdot A = A \cdot E \cdot \alpha \cdot \triangle t$$

즉, 양쪽을 구속한 상태에서 물체가 가열되는 경우 $t_1 < t_2$가 되어 압축응력이 생기고, 냉각시키는 경우는 반대로 $t_1 > t_2$가 되어 인장응력이 발생한다. 아울러, 열응력과 열변형률은 물체의 단면적과는 관계가 없음을 보여준다.

2. 후프 응력(hoop stress)

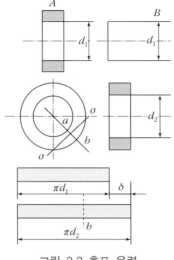

그림 3.2 후프 응력

링의 내경에 비하여 축의 외경이 클 경우 링을 가열하여 축에 끼우고 냉각시키면 꽉조이는 응력이 발생하는데 이것을 후프 응력(hoop stress)이라 한다.

$$l' = \pi d_2 \quad l = \pi d_1$$

$$\lambda = l' - l = \pi (d_2 - d_1)$$

$$\therefore \epsilon = \frac{l' - l}{l} = \frac{\pi (d_2 - d_1)}{\pi d_1} = \frac{d_2 - d_1}{d_1}$$

$$\therefore \sigma_h = E \cdot \epsilon = E \cdot \left(\frac{d_2 - d_1}{d_1} \right)$$

σ_h : 후프 응력(hoop stress), E : 재료의 탄성계수, ϵ : 열변형률

l : 링의 처음 길이, l' : 링에 열을 가한 후의 길이

d_1 : 링의 처음 직경, d_2 : 링의 나중 직경

3-2. 허용응력과 안전율

학습 목표　　• 허용응력과 안전율에 대한 정의를 알 수 있도록 한다.

[1] 하중 변형 선도

인장 시험편을 인장 시험기로 시험편이 파단될 때까지 하중을 가하여 하중과 변형의 관계를 그래프로 나타낸 것이 하중 변형 선도(load deformation diagram)이다. 하중을 단면적으로 나누고 변형된 길이를 처음 길이로 나눈 것과 같다고 해서 응력과 변형률선도라고도 한다.

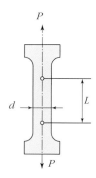 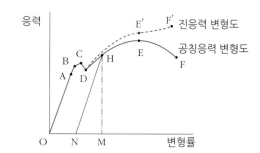

A : 비례한도(proportional limit)　　　 B : 탄성한도(elastic limit)
C : 상항복점(upper yield point)　　　 D : 하항복점(lower yield point)
E : 극한강도(ultimate strength)　　　 F′ : 실제 파괴강도(actual rupture strength)
F : 파괴강도(rupture strength)　　　 NM : 탄성변형(elastic strain)
ON : 잔류변형(residual strain)

그림 3.3 응력—변형률 선도

A점(비례한도) : 응력과 변형률이 비례하는 구간

B점(탄성한도) : 응력을 제거하면 변형이 원래대로 돌아가는 구간

C점(상항복점) : 재료가 응력에 견디지 못하고 맨 처음 항복되는 구간

D점(하항복점) : 재료가 응력에 견디지 못하고 항복하는 구간

E점(인장강도 또는 극한강도) : 시험편이 파단될 때까지의 최대 응력 값

F점(파단점) : 파단강도

E′점(실제 인장강도 또는 극한강도) : 시험편이 파단될 때까지의 실제 최대 응력 값

F′점(실제 파단점) : 실제 파단강도

NM구간 : 탄성변형 구간

ON구간 : 잔류변형 또는 소성변형 구간

재료에 H점까지 하중을 가하고 난 후 하중을 제거하면 나타나는 현상으로 변형량
이 일정 부분은 되돌아오고 일정 부분은 되돌아오지 않게 된다. 이때 NM구간은 일정
부분 되돌아오는 구간으로 탄성변형 구간이라 한다. 그러나 ON구간은 돌아오지 않고
멈추게 되는데 이것을 잔류변형 또는 소성변형 구간이라 한다.

시험편에 축방향의 하중을 가하면 단면적은 감소하고 이렇게 변형된 실제 단면적으
로 하중을 나누어 나온 응력을 진응력(actual stress, 실제응력)이라 하며 점선으로 표
시한다. 변형된 단면적에 관계없이 원래의 단면적으로 하중을 나누어 얻은 이론상의
응력을 공칭응력(nominal stress)이라 하고 실선으로 표시한다.

그러면 실제응력과 공칭응력은

$$\therefore \text{실제응력} = \text{공칭응력} \times (1 + \varepsilon)$$

$$\therefore \frac{l}{l_a} = \frac{A_a}{A}$$

$$\frac{l}{l_a} = \frac{l}{l + \Delta l} = \frac{1}{1 + \dfrac{\Delta l}{l}} = \frac{1}{1 + \epsilon}$$

$$\therefore \frac{A_a}{A} = \frac{l}{l_a} = \frac{1}{1 + \epsilon}$$

$$\therefore \sigma_a = \frac{P}{A_a} = \frac{P}{\dfrac{A}{1 + \epsilon}} = \frac{P}{A}(1 + \epsilon) = \sigma(1 + \epsilon)$$

l : 공칭시편길이

A : 공칭시편 단면적

l_a : 실제시편길이

A_a : 실제시편 단면적

[2] 허용응력과 사용응력

재료는 외력에 의해 파괴 또는 소성변형이 이루어진다. 그러나 제품을 안정한 상태
에서 사용하기 위해서는 영구변형과 파괴가 일어나지 않는 구간에서 사용해야 한다.

따라서 최소한 탄성한도 이내의 안정된 조건이 필요하고 이에 따라 허용되는 응력의 최대값을 정하게 되었으며, 이 응력을 허용응력(allowable stress)이라 한다. 그러나 실제로 사용하는 응력은 허용응력보다 작은 구간에서 사용하게 되고 그 응력 값을 사용응력(working stress)이라 한다.

따라서 이들 관계는 다음과 같다.

극한강도 > 항복강도 > 탄성강도 > 허용응력(σ_a) ≥ 사용응력(σ_w)

[3] 안전율 : S

재료의 안전도를 나타내는 것으로 일반적으로 설계의 기준 강도와 허용응력의 비, 또는 인장강도(극한강도) σ_u와 허용응력 σ_a과의 비를 안전율(safety factor)이라 한다.

$$S = \frac{극한(인장)강도}{허용응력} = \frac{\sigma_u}{\sigma_a}$$

S : 안전율, σ_u : 극한(인장)강도, σ_a : 허용응력

재료의 사용응력에 대한 안전율 : S_w

$$S_w = \frac{극한(인장)강도}{사용응력} = \frac{\sigma_u}{\sigma_w}$$

σ_u : 극한(인장)강도, σ_w : 사용응력

재료의 항복점에 대한 안전율 : S_{yp}

$$S_{yp} = \frac{항복점의강도}{허용응력} = \frac{\sigma_{yp}}{\sigma_a}$$

σ_{yp} : 항복점의 강도, σ_a : 허용응력

표 3.1 안전율 수치 예

재료	정하중	반복하중	교번하중	충격하중
주철	4	6	10	15
강	3	5	8	12
목재	7	10	15	20
벽돌, 석재	20	30	—	—

[4] 응력 집중

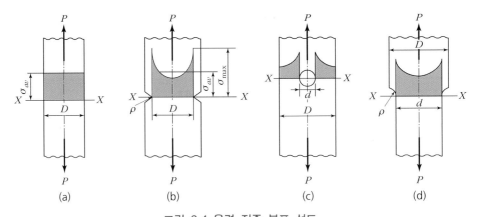

그림 3.4 응력 집중 분포 선도

균일한 단면에는 대체로 응력이 균일하게 작용한다. 그러나 단면에 노치, 구멍, 크랙, 단면이 급변할 경우에는 큰 응력이 발생하게 된다. 이러한 현상을 응력 집중이라한다.

용접 시공 시 용접부에 나타나는 모든 결함이 위와 같은 응력집중현상에 해당된다고 볼 수 있다. 심지어 용접부 형상인 표면과 이면에 나타나는 비드형상마저도 응력집중현상을 초래하고 있으며, 외부 결함인 언더컷, 오우버랩, 용입 불량, 융합 불량, 언더필, 크레이터 결함은 물론, 내부 결함인 기공, 슬래그 혼입, 균열 등 모든 용접결함이 응력집중현상을 초래한다고 볼 수 있다.

최대 응력을 평균응력으로 나눈 값을 형상계수(form factor) 또는 응력집중계수(factor of stress concentration)라 한다.

$$형상계수(\alpha_k) = \frac{최대응력(\sigma_{\max})}{평균응력(\sigma_{av})}, \quad \sigma_{\max} = \alpha_k \cdot \sigma_{av}$$

3-3. 관성 모멘트와 단면계수

학습 목표	• 관성 모멘트와 단면계수에 대한 정의를 알 수 있도록 한다.

---

[1] 관성 모멘트

1. 단면 1차 모멘트 : G

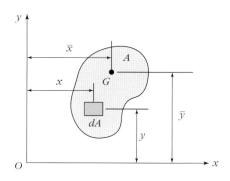

그림 3.5 단면 1차 모멘트

단면 1차 모멘트는 물체의 중심(center of gravity)을 잡는 데 사용한다. 평면도형에서는 도형의 중심이라 하여 도심이라 부른다.

임의의 평면도형의 미소면적에 각 기준 축에서 미소면적 중심까지 거리 x, y를 곱하여 적분한 것을 단면 1차 모멘트라 정의한다. 기호는 G_x, G_y로 표시한다.

이것은 기준 축에서 전체 단면적의 도심(중심)까지의 거리를 곱하는 것과 같다. 단위는 mm^3, cm^3, m^3이다.

$$G_x = \int_A y\,dA = \bar{y}\,A$$

$$G_y = \int_A x\,dA = \bar{x}\,A$$

따라서, 도형의 도심(중심) G의 좌표 $\bar{x}$, $\bar{y}$는 다음과 같은 관계식으로 구해진다.

$$\therefore\ \bar{y} = \frac{G_x}{A} = \frac{\displaystyle\int_A y\,dA}{\displaystyle\int_A dA}$$

$$\therefore \ \overline{x} = \frac{G_y}{A} = \frac{\displaystyle\int_A x\,dA}{\displaystyle\int_A dA}$$

만약 x, y축이 도심(중심) G를 통과하면 $\overline{x} = 0$, $\overline{y} = 0$이므로 이들 축에 관한 단면 1차 모멘트도 '0'이 된다. 즉, $G_x = 0$, $G_y = 0$이 되고, $G_x = 0$, $G_y = 0$이면 x축 또는 y축은 반드시 도심(중심)을 지나게 된다. 그러므로 평면도형이 대칭축을 가지면 축은 반드시 도심을 지나게 되고, 그 축에 대한 단면 1차 모멘트는 '0'이 된다.

2. 단면 2차 모멘트 : I

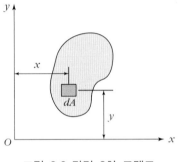

그림 3.6 단면 2차 모멘트

단면 2차 모멘트는 물체의 저항강도를 향상시키기 위해 사용한다.

임의의 평면도형의 미소면적에 각 기준 축에서 미소면적 중심까지 거리 x, y를 제곱하여 적분한 것을 단면 2차 모멘트(moment of inertia)라 정의한다.

기호는 I_x, I_y로 표시하고, 단위는 mm^4, cm^4, m^4이다.

$$\left.\begin{array}{l} I_x = \displaystyle\int_A y^2\,dA \\[4mm] I_y = \displaystyle\int_A x^2\,dA \end{array}\right\}$$

3. 단면 2차 모멘트에 대한 평행축의 정리

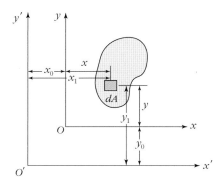

그림 3.7 단면 2차 모멘트 평행축 정리

도형의 도심(중심)을 지나는 축에 대한 단면 2차 모멘트를 알고 있을 때 그 축에 평행하는 임의의 축에 대한 단면 2차 모멘트를 '평행축의 정리(parallel-axis theorem)'라 한다. 물론, 단위는 mm^4, cm^4, m^4이다.

$$I_{X'} = \int_A y_1^2 \, dA = \int_A (y + y_0)^2 \, dA$$

$$= \int_A (y^2 + 2yy_0 + y_0^2) \, dA$$

$$= \int_A y^2 \, dA + \int_A 2yy_0 \, dA + \int_A y_0^2 \, dA$$

$$= \int_A y^2 \, dA + 2y_0 \int_A y \, dA + y_0^2 \int_A 1 \, dA$$

$$= I_X + 2y_0 G_x + y_0^2 A$$

$$I_{Y'} = \int_A x_1^2 \, dA = \int_A (x + x_0)^2 \, dA$$

$$= \int_A (x^2 + 2xx_0 + x_0^2) \, dA$$

$$= \int_A x^2 \, dA + \int_A 2xx_0 \, dA + \int_A x_0^2 \, dA$$

$$= \int_A x^2 \, dA + 2x_0 \int_A x \, dA + x_0^2 \int_A 1 \, dA$$

$$= I_Y + 2x_0 G_y + x_0^2 A$$

G_x, G_y는 축이 단면의 도심(중심)을 통하므로 그 값은 '0'이 된다.

따라서,

$$\begin{cases} I_{X'} = I_X + y_0^2 A \\ I_{Y'} = I_Y + x_0^2 A \end{cases} \quad \text{또는} \quad \begin{cases} I_X = I_{X'} - y_0^2 A \\ I_Y = I_{Y'} - x_0^2 A \end{cases}$$

4. 단면 2차 극모멘트 : I_P

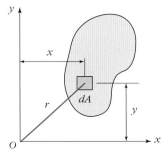

그림 3.8 단면 2차 극모멘트

XY축의 중심 O점 대한 단면 2차 모멘트를 단면 극관성 모멘트 또는 단면 2차 극모멘트(polar moment of inertia of area)라고 한다.

$$I_P = \int_A r^2 \, dA = \int_A (y^2 + x^2) \, dA$$
$$= \int_A y^2 \, dA + \int_A x^2 \, dA$$
$$= I_x + I_y$$

따라서 원형 및 정사각형의 도심(중심)을 통과하는 직교축은 대칭이 되므로 $I_x = I_y$ 가 되어 단면 2차 극모멘트(polar moment of inertia of area)는 단면 2차 모멘트에 두 배가 된다.

$$\therefore \ I_P = 2I_x = 2I_y$$

5. 단면계수 : Z

단면의 도심(중심)을 통하는 축에 대한 단면 2차 모멘트를 그 도심(중심) 축에서 단면(도형)의 끝단까지의 직선거리로 나눈 것을 단면계수(modulus of section)라 정의한다. 단위는 mm^3, cm^3, m^3이다.

$$\therefore \ Z_1 = \frac{I_X}{e_1} \quad \therefore \ Z_2 = \frac{I_X}{e_2}$$

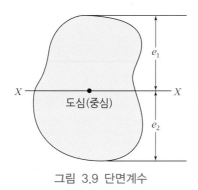

그림 3.9 단면계수

6. 회전반경 : K

회전반경(radius of gyration)은 압축만을 받는 구조물에 사용하고 있으며, 도형의 도심(중심)을 지나는 축에 관한 단면 2차 모멘트(I)를 그 도형의 단면적(A)로 나누고 제곱근을 한 것을 회전반경이라 정의한다. 단위는 mm, cm, m이다.

$$K = \sqrt{\frac{I}{A}}$$

$$\therefore \ K_X = \sqrt{\frac{I_X}{A}} \ \therefore \ K_Y = \sqrt{\frac{I_Y}{A}}$$

3-4. 굽힘응력과 비틀림 응력

> 학습 목표 · 굽힘응력과 비틀림 응력에 대한 정의를 알 수 있도록 한다.

[1] 굽힘응력(bending stress)

1. 순수 굽힘

보가 전단력을 하나도 받지 않고 오로지 굽힘응력만 받을 경우 순수 굽힘(pure beanding)이라 한다.

순수 굽힘에 의한 굽힘응력 해석을 위한 가정은 다음과 같다.

(1) 보의 직각 방향인 가로 단면적은 굽혀진 후에도 평면이고, 굽혀진 축선에 대하여 직교한다. [베르누이·오일러(Bernoulli-Euler)의 가정]

(2) 보의 재료는 균일하며 후크의 법칙에 따른다.

(3) 재료의 인장 및 압축에 대한 탄성계수는 같다.

(4) 보는 인접한 층에서 자유로이 인장과 압축될 수 있는 섬유층을 이루고 굽혀지는 동안 서로 접촉할 수 있다.

2. 굽힘에 의한 인장과 압축

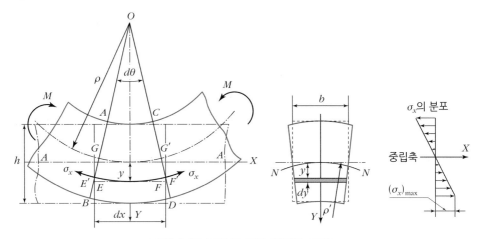

그림 3.10 굽힘에 의한 인장과 압축

편평한 재료를 그림 3.10과 같이 굽힐 때 O점을 중심으로 곡률반경(radius of curvature) ρ가 형성되면서 굽힘이 발생한다. 보통 판재의 중심축을 기준으로 굽히기 전이나 굽혀진 후의 길이가 똑같은 구간이 생기는데 이것을 중립축(neutral line)이라 한다. 중립축에서 y만큼 떨어진 임의의 가로(횡) 방향 길이 $\overline{EF}$의 신장을 알아보면 다음과 같다.

처음의 길이 $\overline{EF} = dx$가 굽혀진 후 $\overparen{E'F'}$로 늘어났다. 이것은 곡률반경 ρ 형태로 환산하면, $\overparen{E'F'} = (\rho + y)d\theta$, $dx = \rho \cdot d\theta$가 된다. 따라서 변형률 ϵ은 다음과 같다.

$$\epsilon = \frac{\overparen{E'F'} - dx}{dx}$$

$$= \frac{(\rho + y)d\theta - \rho \cdot d\theta}{\rho \cdot d\theta}$$

$$= \frac{y}{\rho}$$

단면 AB상의 E에 발생하는 수직응력(normal stress) σ를 후크의 법칙에 적용하면

$$\sigma = E \cdot \epsilon$$

$$= E \cdot \frac{y}{\rho} = \frac{E}{\rho} \cdot y$$

여기서 $\frac{E}{\rho}$는 일정하기 때문에 $\therefore \; \sigma \propto y$

즉, 보가 굽힘을 받을 때 단면에 생기는 응력은 중립축에서 떨어진 y 거리에 비례한다.

따라서, 최대 응력은 단면의 끝부분에서 발생하며, 아랫부분에서 최대 인장응력이 발생하고 윗부분에서 최대 압축응력이 발생한다.

3. 보 속의 저항 모멘트(resisting moment)

우력은 힘과 거리의 곱으로 정의할 수 있으며, 다시 그 힘은 단면에 작용하는 응력과 그 단면적의 곱으로 표현할 수 있다. 이것을 이용하여 중립축의 위치와 곡률반경을 구할 수 있다.

미소면적 dA에 작용하는 힘 dF는

$$dF = \sigma_x \cdot dA = \frac{E}{\rho} \cdot y \cdot dA$$

$$F = \frac{E}{\rho} \cdot \int_A y \cdot dA = 0$$

즉, 굽힘응력이 '0'가 되는 중립축이 되기 위해서는 $\frac{E}{\rho}$는 상수이므로 '0'이 될 수 없으며 $\int_A y \cdot dA = 0$이 된다. 이것은 중립축에 대한 단면 1차 모멘트가 '0'임을 나타낸다. 그러므로 $A \neq 0, y = 0$이어야 한다.

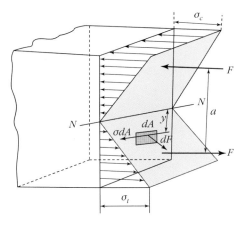

그림 3.11 보 속의 저항 모멘트

따라서, 그 단면의 중립축 자체가 그 도형의 중심을 지난다는 것이다.

$$dM = y \cdot dF = y \cdot \sigma_x \cdot dA$$

$$\therefore M = \int_A y \cdot \sigma_x \cdot dA = \int_A y \cdot \frac{E \cdot y}{\rho} \cdot dA = \frac{E}{\rho} \int_A y^2 dA$$

여기서 $I = \int_A y^2 dA$

$$\therefore M = \frac{E \cdot I}{\rho} \quad 또는 \frac{1}{\rho} = \frac{M}{E \cdot I}$$

이것은 탄성곡선의 곡률 $\frac{1}{\rho}$이 굽힘 모멘트 M에 비례하고 요곡탄성계수(flexural rigidity) $E \cdot I$에 반비례함을 나타낸다.

$$\sigma_x = E \cdot \epsilon$$

$$= E \cdot \frac{y}{\rho} = \frac{E}{\rho} \cdot y = \frac{1}{\rho} \cdot E \cdot y$$

$$= \frac{M}{E \cdot I} \cdot E \cdot y$$

$$\therefore \sigma_x = \frac{M}{I} \cdot y \quad 또는 \quad \therefore M = \sigma_x \cdot \frac{I}{y}$$

여기서 단면계수(Z)는 $\frac{I}{e}$이므로 y를 e로 바꾸면

$$\therefore (\sigma_t)_{\max} = \frac{M}{I} \cdot e_1$$

$$\therefore (\sigma_c)_{\max} = \frac{M}{I} \cdot e_2$$

즉, $\therefore M = \sigma_b \cdot Z$ 또는 $\therefore \sigma_b = \frac{M}{Z}$ 이다.

이 식은 보의 굽힘공식(bending formula of beam) 또는 저항 모멘트식이라 부른다.

[2] 비틀림에 의한 전단응력

1. 원형 단면축의 비틀림(torsion of circular shaft)

축의 일단은 고정하고 다른 한쪽 끝단에서 비틀림 모멘트를 작용할 경우 축 표면의 $\overline{AB}$선은 $\overset{\frown}{AB'}$로 변형을 일으킨다. 이때 축 표면에서 이루는 각 ϕ를 전단각(angle of shearing), 축 중심에서 이루는 회전각 θ를 비틀림각(angle of torsion)이라 한다.

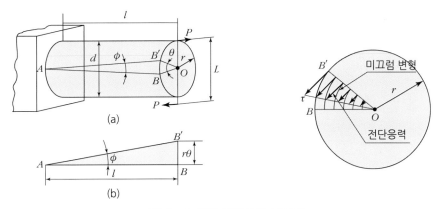

그림 3.12 원형 단면축의 비틀림

이때 전단 변형률 γ는 다음과 같다.

$$\therefore \ \gamma = \tan\phi \fallingdotseq \phi[\text{rad}] = \frac{\widehat{AB'}}{\overline{AB}} = \frac{r \cdot \theta}{l}$$

전단 변형률에 의한 전단응력은 후크의 법칙에 의해 다음과 같으며

$$\therefore \ \tau = G \cdot \gamma = G \cdot \frac{r \cdot \theta}{l}$$

이와 같이 비틀림에 의해 생기는 전단응력을 비틀림응력(torsion stress)이라 한다. 아울러, 축을 θ만큼 비틀었을 때 $G\dfrac{\theta}{l}$ 값은 일정하므로 비틀림응력은 축의 반경(r)에 비례하게 된다. 즉, 축의 중심에서는 비틀림응력 값이 '0'이 되고, 축의 표면에 해당하는 반경(r) 부위에서 최대값을 가지게 된다.

2. 비틀림 저항 모멘트

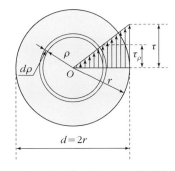

그림 3.13 중실축 횡단면의 응력의 분포

축의 단면에 발생하는 전단응력의 분포에서 비틀림응력(τ)과 비틀림 모멘트(T)의

관계를 알아보자.

먼저, 반경(r)인 축 표면상의 전단응력(τ)과 임의의 반경(ρ)인 지점에 생기는 전단응력(τ_ρ)은 비례식을 이용하여

$$\frac{\tau_\rho}{\tau} = \frac{\rho}{r} \text{ 에서}$$

$$\tau_\rho = \tau \frac{\rho}{r} = G\frac{r\theta}{l}\frac{\rho}{r} = G\frac{\rho \cdot \theta}{l} \text{ 가 된다.}$$

중심 O에서 반경(ρ)인 지점 미소단면적(dA)에 생기는 비틀림 모멘트(dT)는

$$dT = \rho \cdot \tau_\rho \cdot dA = \rho \cdot \tau \cdot \frac{\rho}{r} \cdot dA = \tau \cdot \frac{\rho^2}{r} \cdot dA$$

중심 O에서 반경(r)까지 단면 전체에서 구한 값을 비틀림 저항 모멘트(torsion resistance moment)라 한다. 비틀림 저항 모멘트는 비틀림 모멘트(torsion moment)에 저항하여 생긴 것으로 크기는 같다. 하지만 방향은 반대이다. 비틀림 모멘트는 다음과 같다.

$$T = T' = \int dT = \frac{\tau}{r}\int \rho^2 dA = \frac{\tau}{r} \cdot I_P$$

$$\therefore \ I_P = \int \rho^2 dA$$

$$\therefore \ Z_P = \frac{I_P}{r}$$

$$\therefore \ T = \tau \cdot Z_P \quad \text{또는} \ \therefore \ \tau = \frac{T}{Z_P}$$

[학습 3] 연습문제

01 스칼라량과 벡터량의 정의에 대하여 설명하시오.

02 물체의 평형조건 정의에 대하여 설명하시오.

03 작용하는 방향, 즉 성질에 따른 하중의 종류를 구분하고 설명하시오.

04 하중의 속도에 따른 종류를 구분하고 설명하시오.

05 변형률의 종류를 구분하고 설명하시오.

06 후크의 법칙에 대하여 설명하시오.

07 탄성계수의 종류를 구분하고 설명하시오.

08 푸아송의 비에 대하여 설명하시오.

09 열응력과 후프 응력에 대하여 설명하시오.

10 하중 변형 선도를 그리고 설명하시오.

11 실제응력과 공칭응력의 관계를 설명하시오.

12 허용응력과 사용응력의 정의에 대하여 설명하시오.

13 안전율에 대하여 설명하시오.

14 형상계수 또는 응력집중계수에 대하여 설명하시오.

15 단면 1차 모멘트에 대하여 설명하시오.

16 단면 2차 모멘트에 대하여 설명하시오.

17 단면 2차 모멘트에 대한 평행축의 정리에 대하여 설명하시오.

18 단면 2차 극모멘트에 대하여 설명하시오.

19 단면계수와 회전반경에 대하여 설명하시오.

20 굽힘응력과 비틀림응력에 대하여 설명하시오.

학습 4　용접 이음부의 강도 계산

4-1. 용접부 강도 계산을 위한 가정과 정의

> **학습 목표**　• 용접부 강도 계산 시 가정과 이에 대한 정의를 알 수 있도록 한다.

[1]　가정

1. 국부적인 응력은 고려하지 않는다. 즉, 루트부나 토(toe)의 응력집중은 고려하지 않으며, 응력은 목단면 전체에 균일하게 작용하는 것으로 본다.

2. 파괴는 목단면에서 일어나지 않는 것도 있지만 강도 계산은 목단면이 작용하는 응력으로 한다. [목단면을 위험단면(파괴면)으로 고려한다.]

3. 잔류응력은 고려하지 않는다.

[2]　정의

1. 목두께(a) : 목두께는 이론목두께와 실제목두께가 있지만 이음의 강도 계산에는 이론목두께를 이용한다. 필릿 용접 이음에서의 목두께는 필릿의 다리길이에서 정해지는 이등변 삼각형의 이음부 루트에서 측정한 높이를 사용하고, 그루브 용접 이음에서는 접합하는 부재의 두께를 사용한다. 만약, 두께가 다른 경우에는 판두께가 얇은 쪽의 부재 두께를 이용한다.

2. 용접 유효길이(l) : 계획된 치수에서의 단면이 존재하는 용접부의 전 길이로 한다.

3. 목단면적($A = a \cdot l$) : 목단면적은 목두께×용접의 유효길이로 한다.

용접부의 유효길이는 용접 이음 전체 길이에서 시작단부와 끝단부의 길이를 뺀 것으로 하는데, 실측에 의하지 않는 것은 전체 길이에서 이음부의 목두께만큼 또는 8 mm 만큼 뺀 것으로 한다. 그러나 시단부와 끝단부를 완전하게 크레이터 처리를 하였을 경우에는 실제의 전체 길이를 유효길이로 취급한다. 돌림용접을 하였을 경우에는 용접의 유효길이(l)는 (a)와 (b)는 $l = 2 \cdot l_1$이 되고, (c)는 $l = 2(l_1 + l_2)$가 된다.

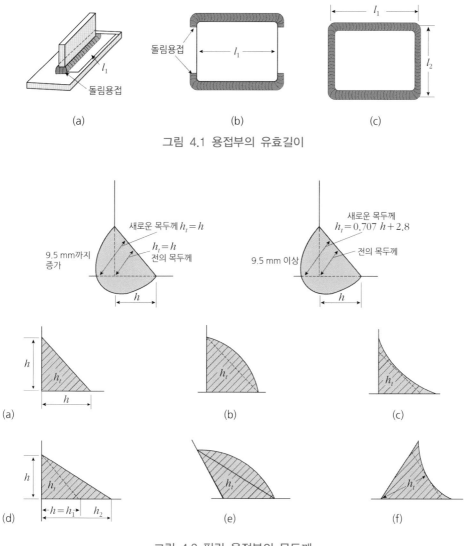

그림 4.1 용접부의 유효길이

그림 4.2 필릿 용접부의 목두께

플러그 용접의 경우에 유효길이는 목두께 중심선을 기준으로 전체 길이를 잡는다.

(1) 원형 용접일 경우

$$l = 2\pi \left(\frac{D}{2} - 0.25L \right)$$

(2) 타원형 용접일 경우

$$l = 2\pi\left(\frac{D}{2} - 0.25L\right) + 2 \cdot l'$$

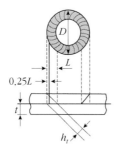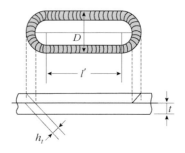

그림 4.3 플러그 용접의 경우 용접길이

4-2. 수직하중이 작용할 경우 강도 계산

학습 목표 · 수직하중이 작용할 경우 강도 계산을 할 수 있도록 한다.

[1] 완전 용입부에 수직하중이 작용할 경우 용접부 수직응력

용접부를 완전 용입 한 경우에는 전단면적을 판두께×용접길이로 하고 하중이 전단면에 직각 방향으로 작용하는 것으로 보고 계산한다. 단위는 파스칼(Pa)과 뉴턴/제곱밀리미터($\frac{N}{mm^2}$)로 한다.

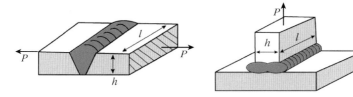

그림 4.4 완전 용입부에 수직하중이 작용할 경우

$$\sigma = \frac{P}{A} = \frac{P}{h \times l} \quad [\text{N/mm}^2 \text{ 또는 Pa}]$$

[2] 부분 용입부에 수직하중이 작용할 경우 용접부 수직응력

용접부를 부분 용입 한 경우에는 전단면적을 부분 용입 두께×용접길이로 하고 하중이 전단면에 직각 방향으로 작용하는 것으로 보고 계산한다. 따라서 전단면적은 2개로 $A = (h_1 \times l) + (h_2 \times l)$이며, 단위는 파스칼(Pa)과 뉴턴 / 제곱밀리미터($\dfrac{\text{N}}{\text{mm}^2}$)로 한다.

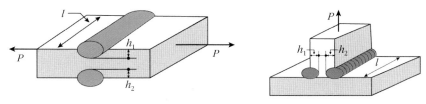

그림 4.5 부분 용입부에 수직하중이 작용할 경우

$$\sigma = \frac{P}{A} = \frac{P}{(h_1 + h_2)l} \quad [\text{N/mm}^2 \ \text{또는 Pa}]$$

[3] 필릿 용접부에 전단하중이 작용할 경우 용접부 전단응력

1. 전단면이 1개인 경우

용접부를 필릿 용접 한 경우에는 전단면적을 이론적인 최소 면적, 즉 목두께×용접길이로 한다. 하중 방향이 전단면에 45° 방향으로 작용하고 있으나 이것을 하중 방향에 나란한 방향으로 작용하는 것으로 보고 계산한다.

따라서 전단면적 $A = t \times l$이며, 단위는 파스칼(Pa)과 뉴턴 / 제곱밀리미터($\dfrac{\text{N}}{\text{mm}^2}$)로 한다.

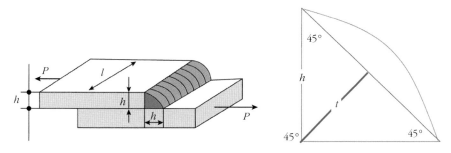

그림 4.6 필릿 용접부에 전단하중이 작용할 경우(전단면이 1개인 경우)

$$\tau = \frac{P}{A} = \frac{P}{t \cdot l} = \frac{P}{(h \cdot \cos 45°)l} = \frac{1}{\cos 45°} \times \frac{P}{h \cdot l} ≒ 1.414 \times \frac{P}{h \cdot l}$$

2. 전단면이 2개인 경우

용접부를 필릿 용접 한 경우에는 전단면적을 이론적인 최소 면적, 즉 목두께×용접 길이를 2개소로 하고 응력을 구한다. 하중 방향이 전단면에 45° 방향으로 작용하고 있으나 이것을 하중 방향에 나란한 방향으로 작용하는 것으로 보고 전단응력을 계산한다.

따라서 전단면적 $A = 2 \times t \times l$이며, 단위는 파스칼(Pa)과 뉴턴 / 제곱밀리미터 ($\frac{N}{mm^2}$)로 한다.

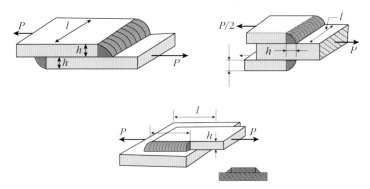

그림 4.7 필릿 용접부에 전단하중이 작용할 경우(전단면이 2개인 경우)

$$\tau = \frac{P}{A} = \frac{P}{2 \cdot t \cdot l} = \frac{P}{2 \cdot (h \cdot \cos 45°)l} = \frac{1}{2 \cdot \cos 45°} \times \frac{P}{h \cdot l}$$

$$≒ 0.707 \times \frac{P}{h \cdot l}$$

3. 단면이 4개인 경우

용접부를 필릿 용접 한 경우에는 전단면적을 이론적인 최소 면적, 즉 목두께×용접 길이를 4개소로 하고 응력을 구한다. 하중 방향이 전단면에 나란한 방향으로 작용하는 것으로 보고 전단응력을 계산한다.

따라서 전단면적 $A = 4 \times t \times l$이며, 단위는 파스칼(Pa)과 뉴턴 / 제곱밀리미터 ($\frac{N}{mm^2}$)로 한다.

$$\tau = \frac{P}{A} = \frac{P}{4 \cdot t \cdot l} = \frac{P}{4 \cdot (h \cdot \cos 45°)l} = \frac{1}{4 \cdot \cos 45°} \times \frac{P}{h \cdot l}$$

$$\fallingdotseq 0.3535 \times \frac{P}{h \cdot l}$$

4. 단면이 n개인 경우

용접부를 필릿 용접 한 경우에는 전단면적을 이론적인 최소 면적, 즉 목두께×용접 길이를 n개소로 하고 응력을 구한다. 하중 방향이 전단면에 나란한 방향으로 작용하는 것으로 보고 전단응력을 계산한다.

따라서 전단면적 $A = n \times t \times l$이며, 단위는 파스칼(Pa)과 뉴턴 / 제곱밀리미터 ($\frac{N}{mm^2}$)로 한다.

단면이 n개인 경우

$$\tau = \frac{P}{A} = \frac{P}{n \cdot t \cdot l} = \frac{P}{n \cdot (h \cdot \cos 45°)l} = \frac{1}{n \cdot \cos 45°} \times \frac{P}{h \cdot l}$$

$$\fallingdotseq \frac{1.414}{n} \times \frac{P}{h \cdot l}$$

4-3. 용접부에 굽힘이 작용할 경우 강도 계산

학습 목표	• 용접부에 굽힘이 작용할 경우 강도 계산을 할 수 있도록 한다.

[1] 내측 개선 필릿 완전 용입 용접부에 굽힘 모멘트가 작용할 경우 굽힘응력

용접부를 완전 용입 한 경우에는 전단면적을 판두께×용접길이로 하고 굽힘 모멘트가 전단면에 직각 방향으로 작용하는 것으로 보고 계산한다.

따라서 전단면적 $A = h \times l$이며, 단면계수는 다음과 같이 구한다. 단위는 파스칼(Pa)과 뉴턴 / 제곱밀리미터($\frac{N}{mm^2}$)로 한다.

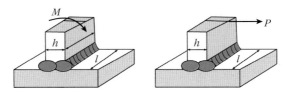

그림 4.8 내측 개선 필릿 완전 용입 용접부에 굽힘 모멘트가 작용할 경우

사각단면의 중심축에 대한 단면 2차 모멘트(I_x)와 단면계수(Z)의 관계를 보면

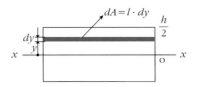

단면 2차 모멘트(I_x), 단면계수(Z)

$$I_x = \int_A y^2 dA = 2 \cdot \int_0^{\frac{h}{2}} y^2 \cdot l \cdot dy$$

$$= 2 \cdot l \cdot \int_0^{\frac{h}{2}} y^2 \cdot dy = 2 \cdot l \cdot [\frac{y^3}{3}]_0^{\frac{h}{2}}$$

$$= \frac{2 \cdot l}{3}[(\frac{h}{2})^3 - 0^3]$$

$$= \frac{2 \cdot l \cdot h^3}{3 \times 8} = \frac{l \cdot h^3}{12}$$

$$Z = \frac{I_x}{e} = \frac{(\frac{l \cdot h^3}{12})}{(\frac{h}{2})} = \frac{l \cdot h^2}{6}$$

또한, 굽힘 모멘트(M)과 굽힘응력(σ_b), 단면계수(Z)의 관계로부터 굽힘응력을 구하면 다음과 같다.

$$M = \sigma_b \cdot Z = P \cdot L \text{에서}$$

$$\sigma_b = \frac{M}{Z} = \frac{6 \cdot M}{l \cdot h^2} = \frac{6 \cdot (P \cdot L)}{l \cdot h^2}$$

다음으로 용접부의 폭과 높이가 반대인 경우를 알아보면

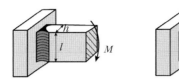

그림 4.9 용접부의 폭과 높이가 반대인 경우

단면 2차 모멘트(I_x), 단면계수(Z)는 h와 l를 반대로 적용한다.

$$I_x = \frac{h \cdot l^3}{12}$$

$$Z = \frac{I_x}{e} = \frac{h \cdot l^2}{6}$$

또한, 굽힘 모멘트(M)과 굽힘응력(σ_b), 단면계수(Z)의 관계로부터 굽힘응력을 구하면 다음과 같다.

$$M = \sigma_b \cdot Z = P \cdot L \text{에서}$$

$$\sigma_b = \frac{M}{Z} = \frac{6 \cdot M}{h \cdot l^2} = \frac{6 \cdot (P \cdot L)}{h \cdot l^2}$$

[2] 내측 개선 필릿 부분 용입 용접부에 굽힘 모멘트가 직각 방향으로 작용할 경우 굽힘응력

용접부를 수평으로 부분 용입 한 경우에는 전단면적을 부분 용입 두께×용접길이로 하고 굽힘 모멘트가 전단면에 직각 방향으로 작용하는 것으로 보고 계산한다.

따라서 전단면적 $A = (h \times l) + (h \times l)$이며, 단면계수는 다음과 같이 구한다. 단위는 파스칼(Pa)과 뉴턴 / 제곱밀리미터($\frac{N}{mm^2}$)로 한다.

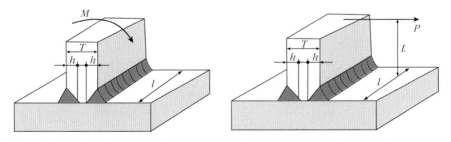

그림 4.10 내측 개선 필릿 부분 용입 용접부에 굽힘 모멘트가 직각 방향으로 작용할 경우

사각단면의 중심축에 대한 단면 2차 모멘트(I_x)와 단면계수(Z)의 관계를 보면

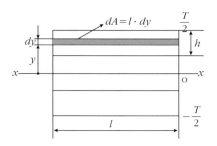

$$I_x = \int_A y^2 dA = 2 \cdot \int_{(\frac{T}{2}-h)}^{(\frac{T}{2})} y^2 \cdot l \cdot dy$$

$$= 2 \cdot l \cdot \int_{(\frac{T}{2}-h)}^{(\frac{T}{2})} y^2 \cdot dy = 2 \cdot l \cdot \left[\frac{y^3}{3}\right]_{(\frac{T}{2}-h)}^{(\frac{T}{2})}$$

$$= \frac{2 \cdot l}{3}\left[\left(\frac{T}{2}\right)^3 - \left(\frac{T}{2}-h\right)^3\right]$$

$$\because \left(\frac{T}{2}-h\right)^3 = \left(\frac{T}{2}\right)^3 - \frac{3 \cdot T^2 \cdot h}{4} + \frac{3 \cdot T \cdot h^2}{2} - h^3 \text{이므로}$$

$$= \frac{2 \cdot l}{3}\left(\frac{3 \cdot T^2 \cdot h}{4} - \frac{3 \cdot T \cdot h^2}{2} + h^3\right)$$

$$= \frac{3 \cdot l \cdot T^2 \cdot h}{6} - l \cdot T \cdot h^2 + \frac{2 \cdot l \cdot h^3}{3}$$

$$= \frac{l \cdot h}{6}(3 \cdot T^2 - 6 \cdot T \cdot h + 4 \cdot h^2)$$

$$\therefore Z = \frac{I_x}{e} = \frac{\left(\frac{l \cdot h}{6}\right)}{\left(\frac{T}{2}\right)} \cdot (3 \cdot T^2 - 6 \cdot T \cdot h + 4 \cdot h^2)$$

$$= \frac{l \cdot h}{3 \cdot T} \cdot (3 \cdot T^2 - 6 \cdot T \cdot h + 4 \cdot h^2)$$

또한, 굽힘 모멘트(M)과 굽힘응력(σ_b), 단면계수(Z)의 관계로부터 굽힘응력을 다음과 같이 구한다.

$M = \sigma_b \cdot Z = P \cdot L$에서

$$\therefore \; \sigma_b = \frac{M}{Z} = \frac{3 \cdot T \cdot M}{l \cdot h \cdot (3 \cdot T^2 - 6 \cdot T \cdot h + 4 \cdot h^2)}$$

$$= \frac{3 \cdot T \cdot (P \cdot L)}{l \cdot h \cdot (3 \cdot T^2 - 6 \cdot T \cdot h + 4 \cdot h^2)}$$

[3] 내측 개선 필릿 부분 용입 용접부에 굽힘 모멘트가 작용할 경우 굽힘 응력

용접부를 수직으로 부분 용입 한 경우에는 전단면적을 부분 용입 두께×용접길이로 하고 굽힘 모멘트가 전단면에 직각 방향으로 작용하는 것으로 보고 계산한다.

따라서 전단면적 $A = (h \times l) + (h \times l)$이며, 단면계수는 다음과 같이 구한다. 단위 는 파스칼(Pa)과 뉴턴 / 제곱밀리미터($\frac{\text{N}}{\text{mm}^2}$)로 한다.

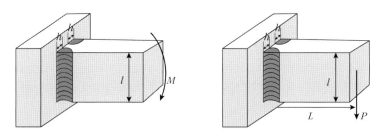

그림 4.11 내측 개선 필릿 부분 용입 용접부에 굽힘 모멘트가 나란히 작용할 경우

사각단면의 중심축에 대한 단면 2차 모멘트(I_x)와 단면계수(Z)의 관계를 보면

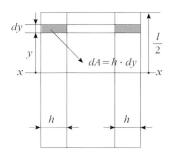

단면 2차 모멘트(I_x), 단면계수(Z)

$$I_x = \int_A y^2 dA = 2 \cdot 2 \cdot \int_0^{\frac{l}{2}} y^2 \cdot h \cdot dy$$

$$= 2 \cdot 2 \cdot h \cdot \int_0^{\frac{l}{2}} y^2 \cdot dy = 2 \cdot 2 \cdot h \cdot [\frac{y^3}{3}]_0^{\frac{l}{2}}$$

$$= \frac{4 \cdot h}{3}[(\frac{l}{2})^3 - 0^3]$$

$$= \frac{4 \cdot h \cdot l^3}{3 \times 8} = \frac{h \cdot l^3}{6}$$

$$Z = \frac{I_x}{e} = \frac{(\dfrac{h \cdot l^3}{6})}{(\dfrac{l}{2})} = \frac{h \cdot l^2}{3}$$

또한, 굽힘 모멘트(M)과 굽힘응력(σ_b), 단면계수(Z)의 관계부터 굽힘응력을 다음과 같이 구한다.

$$M = \sigma_b \cdot Z = P \cdot L \text{에서}$$

$$\sigma_b = \frac{M}{Z} = \frac{3 \cdot M}{h \cdot l^2} = \frac{3 \cdot (P \cdot L)}{h \cdot l^2}$$

[4] 외측 보강 필릿 용접부에 굽힘 모멘트가 작용할 경우 굽힘응력(σ_b)

용접부를 수평으로 외측 보강 필릿 용접으로 부분 용입 한 경우로 용접부에 가할 수 있는 최대 하중을 기준으로 저항 모멘트가 작용한다고 보고 굽힘응력을 계산한다. 단위는 파스칼(Pa)과 뉴턴 / 제곱밀리미터($\dfrac{\text{N}}{\text{mm}^2}$)로 한다.

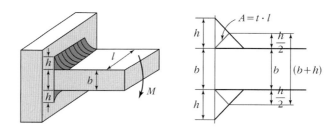

그림 4.12 외측 보강 필릿 용접부에 굽힘 모멘트가 작용할 경우

$$\therefore t = h \cdot \cos 45° ≒ 0.707 \times h$$

$$\therefore P = \sigma_b \cdot A ≒ 0.707 \times \sigma_b \cdot h \cdot l$$

$$\because M = P \cdot (b + h)$$

$$\fallingdotseq 0.707 \times \sigma_b \cdot h \cdot l \cdot (b + h)$$

$$\therefore \sigma_b = \frac{1}{0.707} \times \frac{M}{h \cdot l \cdot (b + h)}$$

$$\fallingdotseq 1.414 \times \frac{M}{h \cdot l \cdot (b + h)}$$

[5] 외측 보강 필릿 용접부에 집중하중이 작용할 경우 최대 응력($\sigma_{\max}$)

용접부를 수평으로 외측 보강 필릿 용접으로 부분 용입 한 경우로 용접부에 가할 수 있는 최대 하중을 기준으로 저항 모멘트가 작용한다고 보고 굽힘응력을 계산한 것과 집중하중이 동시에 작용한 경우 최대 굽힘을 계산한다. 단위는 파스칼(Pa)과 뉴턴/제곱밀리미터($\frac{\mathrm{N}}{\mathrm{mm}^2}$)로 한다.

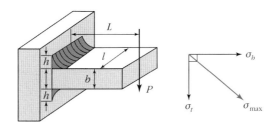

그림 4.13 외측 보강 필릿 용접부에 집중하중이 작용할 경우

수직응력 σ_t

$$\sigma_t = \frac{P}{A}$$

$$\fallingdotseq \frac{1}{1.414} \times \frac{P}{h \cdot l}$$

$$\fallingdotseq 0.707 \times \frac{P}{h \cdot l}$$

$$\because A = 2 \cdot t \cdot l \fallingdotseq 2 \times 0.707 \times h \cdot l$$

$$\fallingdotseq 1.414 \times h \cdot l$$

또한, 앞에서 굽힘응력 σ_b는

$$\therefore \sigma_b \fallingdotseq 1.414 \times \frac{M}{h \cdot l \cdot (b + h)} \text{ 이므로}$$

최대 응력($\sigma_{\max}$)은

$$\sigma_{\max} = \sqrt{(\sigma_t)^2 + (\sigma_b)^2}$$

$$\fallingdotseq \sqrt{(0.707 \times \frac{P}{h \cdot l})^2 + (1.414 \times \frac{P \cdot L}{h \cdot l \cdot (b+h)})^2}$$

$$\fallingdotseq \sqrt{(\frac{1}{1.414} \times \frac{P}{h \cdot l})^2 + (1.414 \times \frac{P \cdot L}{h \cdot l \cdot (b+h)})^2}$$

$$\fallingdotseq \frac{P}{h \cdot l \cdot (b+h)} \sqrt{(\frac{b+h}{1.414})^2 + (1.414 \times L)^2}$$

$$\because 1.414^2 \fallingdotseq 2 \, \text{이므로}$$

$$\fallingdotseq \frac{P}{h \cdot l \cdot (b+h)} \sqrt{\frac{(b+h)^2}{2} + 2 \cdot L^2}$$

[6] 외측 보강 세로굽힘 필릿 용접부에 굽힘 모멘트가 작용할 경우 굽힘응력(σ_b)

용접부를 수직으로 외측 보강 필릿 용접으로 부분 용입 한 경우 다음과 같이 굽힘 응력을 계산한다. 단위는 파스칼(Pa)과 뉴턴 / 제곱밀리미터($\frac{N}{mm^2}$)로 한다.

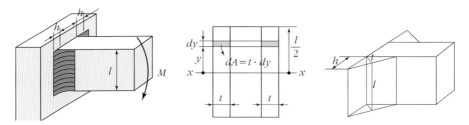

그림 4.14 외측 보강 세로굽힘 필릿 용접부에 굽힘 모멘트가 작용할 경우

단면 2차 모멘트(I_x), 단면계수(Z)는 다음과 같다.

$$I_x = \int_A y^2 dA = 2 \cdot 2 \cdot \int_0^{\frac{l}{2}} y^2 \cdot t \cdot dy$$

$$= 2 \cdot 2 \cdot t \cdot \int_0^{\frac{l}{2}} y^2 \cdot dy = 2 \cdot 2 \cdot t \cdot [\frac{y^3}{3}]_0^{\frac{l}{2}}$$

$$= \frac{4 \cdot t}{3}[(\frac{l}{2})^3 - 0^3]$$

$$= \frac{4 \cdot t \cdot l^3}{3 \times 8} = \frac{t \cdot l^3}{6}$$

$$Z = \frac{I_x}{e} = \frac{(\dfrac{t \cdot l^3}{6})}{(\dfrac{l}{2})} = \frac{t \cdot l^2}{3}$$

또한, 굽힘 모멘트(M)과 굽힘응력(σ_b), 단면계수(Z)의 관계부터 굽힘응력을 다음과 같이 구한다.

$M = \sigma_b \cdot Z = P \cdot L$에서

$$\sigma_b = \frac{M}{Z} = \frac{3 \cdot M}{t \cdot l^2}$$

$\because t = h \cdot \cos45° = 0.707 \times h$이므로

$$\therefore \sigma_b = \frac{3}{0.707} \times \frac{M}{h \cdot l^2} = 4.24 \times \frac{M}{h \cdot l^2}$$

[7] 외측 보강 세로굽힘 필릿 용접부에 집중하중이 작용할 경우 전단응력(τ) 와 굽힘응력(σ_b)

용접부를 수직으로 외측 보강 필릿 용접으로 부분 용입 한 경우 전단응력(τ)과 굽힘응력(σ_b), 구조물 보속의 최대 전단응력($\tau_{\max}$)을 계산한다. 단위는 파스칼(Pa)과 뉴턴/제곱밀리미터($\dfrac{N}{mm^2}$)로 한다.

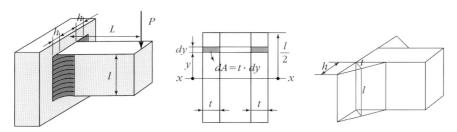

그림 4.15 외측 보강 세로굽힘 필릿 용접부에 집중하중이 작용할 경우

전단응력(τ)

$$\tau = \frac{P}{A}$$

$$\fallingdotseq \frac{1}{1.414} \times \frac{P}{h \cdot l}$$

$$\fallingdotseq 0.707 \times \frac{P}{h \cdot l}$$

$$\because A = 2 \cdot t \cdot l \fallingdotseq 2 \times 0.707 \times h \cdot l$$

$$\fallingdotseq 1.414 \times h \cdot l$$

또한, 앞에서 굽힘응력 σ_b는

$$M = \sigma_b \cdot Z = P \cdot L \text{에서}$$

$$\sigma_b = \frac{M}{Z} = \frac{3 \cdot (P \cdot L)}{t \cdot l^2}$$

$$\because t = h \cdot \cos 45° \fallingdotseq 0.707 \times h \text{이므로}$$

$$\therefore \sigma_b = \frac{3}{0.707} \times \frac{(P \cdot L)}{h \cdot l^2} \fallingdotseq 4.24 \times \frac{(P \cdot L)}{h \cdot l^2}$$

구조물 보 속의 최대 전단응력은

$$\therefore \tau_{max} = \frac{3}{2} \times \frac{P}{A} \fallingdotseq \frac{3}{2} \times \frac{P}{1.414 \times l \cdot h}$$

[8] 외측 보강 원주 필릿 용접부에 굽힘 모멘트가 작용할 경우 굽힘응력(σ_b)

원형 구조물을 외측 보강 필릿 용접으로 부분 용입 한 경우 굽힘응력(σ_b)을 계산한다. 단위는 파스칼(Pa)과 뉴턴 / 제곱밀리미터($\frac{N}{mm^2}$)로 한다.

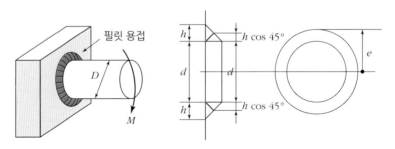

그림 4.16 외측 보강 원주 필릿 용접부에 굽힘 모멘트가 작용할 경우

원형 중공축에 대한 단면 2차 모멘트는

$I_x = \dfrac{\pi}{64}(d_2^4 - d_1^4)$이므로

$\therefore d_2 = (d + 2 \cdot h \cdot \cos 45°)$

$\quad d_1 = d$를 대입하면

$$I_x = \dfrac{\pi}{64}((d + 2 \cdot h \cdot \cos 45°)^4 - d^4)$$

$$= \dfrac{\pi}{64}((d + 2 \cdot h \cdot \dfrac{1}{\sqrt{2}})^4 - d^4)$$

$$= \dfrac{\pi}{64}((d + \sqrt{2}\,h)^4 - d^4)$$

$$= \dfrac{\pi}{64}((d + 1.414 \cdot h)^4 - d^4)$$

$Z_x = \dfrac{I_x}{e}$이므로

$$Z_x = \dfrac{I_x}{e} = \dfrac{I_x}{\left(\dfrac{d + 1.414 \cdot h}{2}\right)}$$

$$= \dfrac{\left(\dfrac{\pi}{64}\right)}{\left(\dfrac{d + 1.414 \cdot h}{2}\right)}((d + 1.414 \cdot h)^4 - d^4)$$

$$= \dfrac{\pi}{32} \cdot \dfrac{(d + 1.414 \cdot h)^4 - d^4}{(d + 1.414 \cdot h)}$$

$$\therefore Z_x \fallingdotseq \dfrac{(d + 1.414 \cdot h)^4 - d^4}{10.2 \times (d + 1.414 \cdot h)}$$

즉, $M = \sigma_b \cdot Z = P \cdot L$에서

$$\therefore \sigma_b = \dfrac{M}{Z}$$

$$= \dfrac{10.2 \times (d + 1.414 \cdot h) \cdot M}{(d + 1.414 \cdot h)^4 - d^4}$$

4-4. 용접부에 비틀림이 작용할 경우 강도 계산

> 학습 목표 • 용접부에 비틀림이 작용할 경우 강도 계산을 할 수 있도록 한다.

[1] 외측 보강 원주 필릿 용접부에 비틀림 모멘트가 작용할 경우 전단응력(τ)

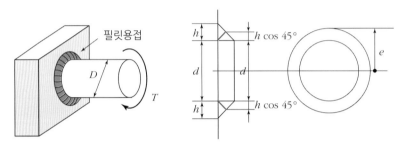

그림 4.17 외측 보강 원주 필릿 용접부에 비틀림 모멘트가 작용할 경우

원형 구조물을 외측 보강 필릿 용접으로 부분 용입 한 경우 원형 중공축에 대한 단면 2차 극모멘트와 극단면계수를 구하고 이를 통한 전단응력은 다음과 같이 구한다.

$$I_p = \frac{\pi}{32}(d_2^4 - d_1^4)\text{이므로}$$

$$\therefore\ d_2 = (d + 2 \cdot h \cdot \cos45°)$$

$$d_1 = d \text{를 대입하면}$$

$$I_p = \frac{\pi}{32}((d + 2 \cdot h \cdot \cos45°)^4 - d^4)$$

$$= \frac{\pi}{32}((d + 2 \cdot h \cdot \frac{1}{\sqrt{2}})^4 - d^4)$$

$$= \frac{\pi}{32}((d + \sqrt{2}\,h)^4 - d^4)$$

$$= \frac{\pi}{32}((d + 1.414 \cdot h)^4 - d^4)$$

$$Z_p = \frac{I_p}{e}\text{이므로}$$

$$Z_p = \frac{I_p}{e} = \frac{I_p}{(\dfrac{d+1.414 \cdot h}{2})}$$

$$= \frac{(\dfrac{\pi}{32})}{(\dfrac{d+1.414 \cdot h}{2})}((d+1.414 \cdot h)^4 - d^4)$$

$$= \frac{\pi}{16} \cdot \frac{(d+1.414 \cdot h)^4 - d^4}{(d+1.414 \cdot h)}$$

$$\therefore \; Z_x \fallingdotseq \frac{(d+1.414 \cdot h)^4 - d^4}{5.1 \times (d+1.414 \cdot h)}$$

즉, $T = \tau \cdot Z_p = P \cdot L$에서

$$\therefore \; \tau = \frac{T}{Z_p}$$

$$= \frac{5.1 \times (d+1.414 \cdot h) \cdot T}{(d+1.414 \cdot h)^4 - d^4}$$

[2] 사각단면 완전 용입부에 비틀림 모멘트가 작용할 경우 전단응력(τ)

사각 구조물을 완전 용입 한 경우 최대 전단응력은 실험식에 의하여 다음과 같이 구한다.

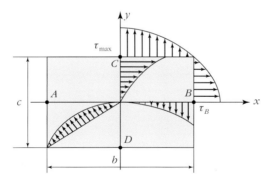

그림 4.18 사각단면 완전 용입부에 비틀림 모멘트가 작용할 경우

$$\therefore \; \tau_{\max} = \frac{T}{bc^2}[3 + (1.8 \times \frac{c}{b})]$$

4-5. 용접부에 조합응력이 작용할 경우 강도 계산

학습 목표	• 용접부에 조합응력이 작용할 경우 강도 계산을 할 수 있도록 한다.

[1] 조합응력이 작용할 경우

축에 일어나는 최대 응력을 구할 경우 고려할 사항은 다음과 같다.

(1) 비틀림 모멘트(T)에 의한 비틀림응력(τ)

(2) 굽힘 모멘트(M)에 의한 굽힘응력(σ_b)

(3) 전단력(F)에 의한 전단응력(τ)

이들 중, (3) 전단력(F)에 의한 전단응력(τ)은 동력축 등에서 강도에 주는 영향이 비교적 작으므로, 보통 계산에서 생략한다.

1. 2축 응력이 작용할 경우 법선응력과 전단응력

$$\therefore \ (\sigma_n)_{\max} = \frac{1}{2}((\sigma_x + \sigma_y) + \sqrt{(\sigma_x + \sigma_y)^2 + 4 \cdot \tau_{xy}^2}\,)$$

$$\therefore \ \tau_{\max} = \frac{1}{2}\sqrt{(\sigma_x + \sigma_y)^2 + 4 \cdot \tau_{xy}^2}$$

$$\sigma_x = \sigma_b \ , \ \sigma_y = 0 \ , \ \tau_{xy} = \tau \text{를 대입하면}$$

$$\therefore \ (\sigma_n)_{\max} = \frac{\sigma_b}{2} + \frac{1}{2}\sqrt{\sigma_b^2 + 4 \cdot \tau^2}$$

$$\therefore \ \tau_{\max} = \frac{1}{2}\sqrt{\sigma_b^2 + 4 \cdot \tau^2}$$

2. 상당 굽힘 모멘트(M_e)

$$\therefore \ M_e = \sigma_{\max} \cdot Z = \frac{\sigma_b}{2} \cdot Z + \frac{1}{2}\sqrt{\sigma_b^2 \cdot Z^2 + 4 \cdot \tau^2 \cdot Z^2}$$

$$= \frac{1}{2} \cdot (M + \sqrt{M^2 + T^2}\,)$$

$$\therefore \ T_e = \tau_{\max} \cdot Z_p = \frac{1}{2}\sqrt{M^2 + T^2}$$

⇒ 원형축일 경우

$$\sigma_{\max} = \frac{1}{2} \cdot \sigma_b + \frac{1}{2} \sqrt{\sigma_b^2 + 4 \cdot \tau^2}$$

$$= \frac{16}{\pi d^3} (M + \sqrt{M^2 + T^2}) \rightarrow \text{중실축}$$

$$= \frac{16 \cdot d_2}{\pi (d_2^4 - d_1^4)} (M + \sqrt{M^2 + T^2}) \rightarrow \text{중공축}$$

$$\tau_{\max} = \frac{1}{2} \sqrt{\sigma_b^2 + 4 \cdot \tau^2}$$

$$= \frac{16}{\pi d^3} (\sqrt{M^2 + T^2}) \rightarrow \text{중실축}$$

$$= \frac{16 \cdot d_2}{\pi (d_2^4 - d_1^4)} (\sqrt{M^2 + T^2}) \rightarrow \text{중공축}$$

⇒ 사각축일 경우

$$\sigma_{\max} = \frac{1}{2} \cdot \sigma_b + \frac{1}{2} \sqrt{\sigma_b^2 + 4 \cdot \tau^2}$$

$$\because \sigma_b = \frac{6M}{l \cdot t^2} \quad \because \tau = \frac{T}{a \cdot l \cdot t^2}$$

$$\tau_{\max} = \frac{1}{2} \sqrt{\sigma_b^2 + 4 \cdot \tau^2}$$

4-6. 용접부를 선으로 가정할 경우 강도 계산

> 학습 목표 • 용접부를 선으로 가정할 경우 강도 계산을 할 수 있도록 한다.

[1] 용접부를 선이라고 했을 때 용접부에 작용하는 응력 계산법

용접선에 대한 용접부 응력(f, $[\dfrac{\text{N}}{\text{mm}}]$)이라 가정하면 다음과 같이 구할 수 있다.

$$\therefore f = \frac{P}{l} = \frac{M}{Z_w} = \frac{T}{J_w}$$

아울러, 용접부의 허용응력(f_a, $[\dfrac{\text{N}}{\text{mm}^2}]$)과 용접선에 대한 응력, 목두께의 관계는 다음과 같다.

$$\therefore\ f_a = \frac{f}{a}$$

따라서, 용접부의 목두께(a)는

$$\therefore\ a = \frac{f}{f_a}\ \text{이며}$$

용접부의 목길이(z)는

$$\therefore\ z = \frac{a}{\cos 45°}\ \text{이다.}$$

여기서, 각 기호는 다음과 같다.

> P : 하중 [N]
> l : 용접길이 [mm]
> M : 굽힘 모멘트 [N·m]
> T : 비틀림 모멘트 [N·m]
> Z_w : 용접부를 선이라 했을 때 용접부의 단면계수 [mm^2]
> J_w : 용접부를 선이라 했을 때 용접부의 극단면계수 [mm^2]

1. 판재의 수직 완전 용접부에 굽힘 모멘트가 작용할 경우 용접부의 목두께(a) 계산

용접부의 허용응력(f_a), 용접부의 길이(l), 굽힘 모멘트(M)가 주어질 때 목두께(a)를 계산하는 것이다.

목두께는 다음 식에 의해 구하며

$$\therefore\ a = \frac{f}{f_a}$$

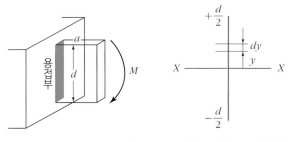

그림 4.19 판재의 수직 완전 용접부에 굽힘 모멘트가 작용할 경우

용접부의 단위 길이당 응력 또한 다음 식에 의해 구한다.

$$\therefore \ f = \frac{M}{Z_w}$$

용접부의 단위 길이당 단면 2차 모멘트(I_x)는

$$I_x = \int_A y^2 dA \quad \text{여기서 } dA = 1 \cdot dy$$

$$= \int_{-\frac{d}{2}}^{+\frac{d}{2}} 1 \cdot y^2 dy$$

$$= 2 \left[\frac{y^3}{3} \right]_0^{\frac{d}{2}}$$

$$= \frac{2}{3} \left[\left(\frac{d}{2} \right)^3 - (0)^3 \right]$$

$$= \frac{2}{3} \cdot \frac{d^3}{8} = \frac{d^3}{12}$$

$$Z_w = \frac{I_x}{e} = \frac{\frac{d^3}{12}}{\frac{d}{2}} = \frac{d^2}{6}$$

$$\therefore \ f = \frac{M}{Z_w} = \frac{6 \cdot M}{d^2}$$

즉, 목두께(판재의 두께) $\therefore \ a = \dfrac{f}{f_a} = \dfrac{6 \cdot M}{f_a \cdot d^2}$ 이다.

2. 판재의 두께 외부에 2줄로 수직 필릿 용접 한 용접부에 굽힘 모멘트가 작용한 경우 용접부의 목두께(a) 계산

용접부의 허용응력(f_a), 용접부의 길이(l), 굽힘 모멘트(M)가 주어질 때 목두께(a)를 계산하는 것이다.

목두께는 다음 식에 의해 구하며

$$\therefore \ a = \frac{f}{f_a}$$

용접부의 단위 길이당 응력 또한 다음 식에 의해 구한다.

$$\therefore \ f = \frac{M}{Z_w}$$

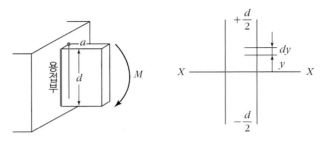

그림 4.20 판재의 두께 외부에 2줄로 수직 필릿 용접 한 용접부에 굽힘 모멘트가 작용한 경우

용접부의 단위 길이당 단면 2차 모멘트(I_x)는

$$I_x = \int_A y^2 dA \ \ \text{여기서} \ \ dA = 1 \cdot dy$$

$$= 2 \cdot \int_{-\frac{d}{2}}^{+\frac{d}{2}} 1 \cdot y^2 dy$$

$$= 2 \cdot 2 [\frac{y^3}{3}]_0^{\frac{d}{2}}$$

$$= 2 \cdot \frac{2}{3} [(\frac{d}{2})^3 - (0)^3]$$

$$= 2 \cdot \frac{2}{3} \cdot \frac{d^3}{8} = \frac{d^3}{6}$$

$$Z_w = \frac{I_x}{e} = \frac{\dfrac{d^3}{6}}{\dfrac{d}{2}} = \frac{d^2}{3}$$

$$\therefore \ f = \frac{M}{Z_w} = \frac{3 \cdot M}{d^2}$$

즉, 목두께(판재의 두께)

$$\therefore \ a = \frac{f}{f_a} = \frac{3 \cdot M}{f_a \cdot d^2} \text{이다.}$$

목두께(a)와 목길이(z)와의 관계는 $\cos 45° = \dfrac{a}{z}$ 이므로

$$\therefore \ z = \frac{a}{\cos 45°} = \frac{a}{\sqrt{2}} ≒ 0.707 \times a$$

3. 판재의 두께 외부에 2줄로 수평 필릿 용접 한 용접부에 굽힘 모멘트가 작용한 경우 용접부의 목두께(a) 계산

용접부의 허용응력(f_a), 용접부의 길이(l), 굽힘 모멘트(M)가 주어질 때 목두께(a)를 계산하는 것이다.

목두께는 다음 식에 의해 구하며

$$\therefore\ a = \frac{f}{f_a}$$

용접부의 단위 길이당 응력 또한 다음 식에 의해 구한다.

$$\therefore\ f = \frac{M}{Z_w}$$

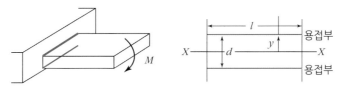

그림 4.21 판재의 두께 외부에 2줄로 수평 필릿 용접 한 용접부에 굽힘 모멘트가 작용한 경우

용접부의 단위 길이당 단면 2차 모멘트(I_x)는

$$I_x = \int_A y^2 dA \quad \text{여기서 } y = \frac{d}{2},\ dA = 1 \cdot b$$

$$= 2 \cdot (\frac{d}{2})^2 (1 \cdot b)$$

$$= \frac{b \cdot d^2}{2}$$

$$Z_w = \frac{I_x}{e} = \frac{\dfrac{b \cdot d^2}{2}}{\dfrac{d}{2}} = b \cdot d$$

$$\therefore\ f = \frac{M}{Z_w} = \frac{M}{b \cdot d}$$

즉, 목두께(판재의 두께)

$$\therefore\ a = \frac{f}{f_a} = \frac{M}{f_a \cdot b \cdot d}\ \text{이다.}$$

목두께(a)와 목길이(z)와의 관계는 $\cos45° = \dfrac{a}{z}$ 이므로

$$\therefore z = \frac{a}{\cos45°} = \frac{a}{\sqrt{2}} ≒ 0.707 \times a$$

4. 판재의 두께 외부에 2줄로 수평 필릿 용접 한 용접부에 굽힘 모멘트가 작용 한 경우 용접부의 목두께(a) 계산

용접부의 허용응력(f_a), 용접부의 길이(l), 굽힘 모멘트(M)가 주어질 때 목두께(a)를 계산하는 것이다.

목두께는 다음 식에 의해 구하며

$$\therefore a = \frac{f}{f_a}$$

용접부의 단위 길이당 응력 또한 다음 식에 의해 구한다.

$$\therefore f = \frac{M}{Z_w}$$

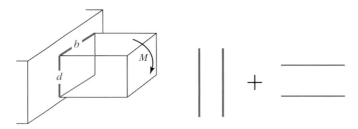

그림 4.22 판재의 두께 외부에 2줄로 수평 필릿 용접 한 용접부에 굽힘 모멘트가 작용한 경우

용접부의 단위 길이당 단면계수는 설명한 것과 같이 위의 그림의 합과 같다. 따라서

$$I_x = \frac{d^3}{6} + \frac{b \cdot d}{2}$$

$$Z_w = \frac{d^2}{3} + b \cdot d$$

$$\therefore f = \frac{M}{Z_w} = \frac{M}{(\dfrac{d^2}{3} + b \cdot d)}$$

즉, 목두께(판재의 두께)

$$\therefore \ a = \frac{f}{f_a} = \frac{2 \cdot M}{f_a \cdot b \cdot d} \text{이다.}$$

목두께(a)와 목길이(z)와의 관계는 $\cos45° = \dfrac{a}{z}$ 이므로

$$\therefore \ z = \frac{a}{\cos45°} = \frac{a}{\sqrt{2}} ≒ 0.707 \times a$$

5. 원통 보의 둘레에 필릿 용접 한 용접부에 굽힘 모멘트가 작용한 경우 용접부의 목두께(a) 계산

용접부의 허용응력(f_a), 용접부의 길이(l), 굽힘 모멘트(M)가 주어질 때 목두께(a)를 계산하는 것이다.

목두께는 다음 식에 의해 구하며

$$\therefore \ a = \frac{f}{f_a}$$

용접부의 단위 길이당 응력 또한 다음 식에 의해 구한다.

$$\therefore \ f = \frac{M}{Z_w}$$

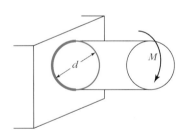

그림 4.23 원통 보의 둘레에 필릿 용접 한 용접부에 굽힘 모멘트가 작용한 경우

[단면 2차 극모멘트]

$$\begin{aligned} I_p &= \int_A \rho^2 dA \\ &= \int_0^r \rho^2 \cdot 2 \cdot \pi \cdot \rho \\ &= r^3 \cdot 2 \cdot \pi \\ &= 2 \cdot \pi \cdot r^3 \end{aligned}$$

[단면 2차 모멘트]

$$\begin{aligned} I &= \frac{1}{2} \int_A \rho^2 dA \\ &= \frac{1}{2} \int_0^r \rho^2 \cdot 2 \cdot \pi \cdot \rho \\ &= \frac{1}{2} r^3 \cdot 2 \cdot \pi \\ &= \pi \cdot r^3 \end{aligned}$$

$$Z_p = \frac{I_p}{e} = \frac{2 \cdot \pi \cdot r^3}{r} = 2 \cdot \pi \cdot r^2 \qquad Z_w = \frac{I}{e} = \frac{\pi \cdot r^3}{r} = \pi \cdot r^2$$

$$= 2 \cdot \pi \cdot (\frac{d}{2})^2 = \frac{\pi \cdot d^2}{2} \qquad\qquad = \pi \cdot (\frac{d}{2})^2 = \frac{\pi \cdot d^2}{4}$$

$$\therefore \; f = \frac{M}{Z_w} = \frac{4 \cdot M}{\pi \cdot d^2}$$

즉, 목두께(판재의 두께)

$$\therefore \; a = \frac{f}{f_a} = \frac{4 \cdot M}{f_a \cdot \pi \cdot d^2} \text{이다.}$$

목두께(a)와 목길이(z)와의 관계는 $\cos 45° = \dfrac{a}{z}$ 이므로

$$\therefore \; z = \frac{a}{\cos 45°} = \frac{a}{\sqrt{2}} \fallingdotseq 0.707 \times a$$

6. 원통 보의 둘레에 필릿 용접 한 용접부에 비틀림 모멘트가 작용한 경우 용접부의 목두께(a) 계산

용접부의 허용전단응력(τ_a), 용접부의 길이(l), 비틀림 모멘트(T)가 주어질 때 목두께(a)를 계산하는 것이다.

목두께는 다음 식에 의해 구하며

$$\therefore \; a = \frac{f}{\tau_a}$$

용접부의 단위 길이당 전단응력 또한 다음 식에 의해 구한다.

$$\therefore \; f = \frac{T}{Z_p}$$

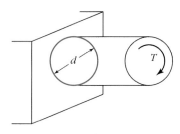

그림 4.24 원통 보의 둘레에 필릿 용접 한 용접부에 비틀림 모멘트가 작용한 경우

$$I_p = \int_A \rho^2 dA$$

$$= \int_0^r \rho^2 \cdot 2 \cdot \pi \cdot \rho$$

$$= r^3 \cdot 2 \cdot \pi$$

$$= 2 \cdot \pi \cdot r^3$$

$$Z_p = \frac{I_p}{e} = \frac{2 \cdot \pi \cdot r^3}{r} = 2 \cdot \pi \cdot r^2$$

$$= 2 \cdot \pi \cdot (\frac{d}{2})^2 = \frac{\pi \cdot d^2}{2}$$

$$\therefore \; f = \frac{T}{Z_p} = \frac{2 \cdot T}{\pi \cdot d^2}$$

즉, 목두께(판재의 두께)는

$$\therefore \; a = \frac{f}{\tau_a} = \frac{2 \cdot T}{\tau_a \cdot \pi \cdot d^2}$$

목두께(a)와 목길이(z)와의 관계는 $\cos 45^\circ = \dfrac{a}{z}$ 이므로

$$\therefore \; z = \frac{a}{\cos 45^\circ} = \frac{a}{\sqrt{2}} \fallingdotseq 0.707 \times a$$

01 그림에서 용접부에 발생하는 인장응력(σ_t)은 얼마인가?

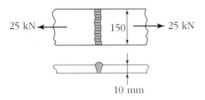

02 평판 맞대기 용접 이음에서 허용 인장응력 90 MPa, 두께 10 mm의 강판을 용접 길이가 150 mm, 용접 이음 효율 80%로 맞대기 용접할 때 용접두께는 얼마로 해야 되는가? (다만 용접부의 허용응력은 70 MPa이다)

03 전면 겹치기 필릿 이음에서 허용응력을 60 MPa이라 할 때 용접길이는 얼마 이상 이어야 하는가? (단, 작용하중 45 kN이 양쪽에서 작용하고 판두께는 10 mm이다.)

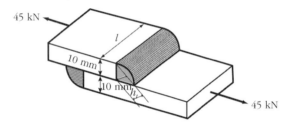

04 측면 양쪽 필릿 이음에서 두께가 10 mm이고 하중이 40 kN이 가해지면 용접길이 는 얼마로 해야 하는가? (단, 허용 전단응력은 50 MPa로 한다.)

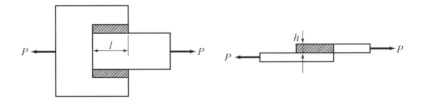

05 맞대기 용접 시험편의 인장강도가 650 MPa이고 모재의 인장강도가 700 MPa일 경우, 이음 효율은 약 얼마인가?

06 연강판의 두께가 9 mm, 용접길이를 200 mm로 하고 양단에 최대 720 [kN]의 인 장하중을 작용시키는 V형 맞대기 용접 이음에서 발생하는 인장응력 [MPa]은?

07 완전 맞대기 용접 이음이 단순 굽힘 모멘트 $M_b = 9800$ N·m를 받고 있을 때, 용접부에 발생하는 최대 굽힘응력은? (단, 용접선 길이 = 200 mm, 판두께 = 25 mm 이다.)

08 용접 이음 강도 계산에서 안전율을 5로 하고 허용응력을 100 MPa이라 할 때 인장강도는 얼마인가?

09 인장강도가 430 MPa인 모재를 용접하여 만든 용접 시험편의 인장강도가 350 MPa 일 때 이 용접부의 이음 효율은 약 몇 %인가?

10 그림과 같이 폭 50 mm, 두께 10 mm의 강판을 40 mm만 겹쳐서 전둘레 필릿 용접을 한다. 이때 100 kN의 하중을 작용시킨다면 필릿 용접의 치수는 얼마로 하면 좋은가? (단, 용접 허용응력은 102 MPa이다.)

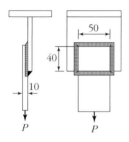

11 그림과 같은 V형 맞대기 용접에서 굽힘 모멘트(Mb)가 1000 N·m 작용하고 있을 때, 최대 굽힘응력은 몇 MPa인가? (단, $l = 150$ mm, $t = 20$ mm이고 완전 용입이다.)

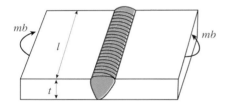

12 필릿 용접의 이음강도를 계산할 때, 각장이 10 mm라면 목두께는?

13 용착부의 인장응력이 50 MPa, 용접선 유효길이가 80 mm이며, V형 맞대기로 완전 용입인 경우 하중 80 kN에 대한 판두께는 몇 mm로 계산되는가? (단, 하중은 용접선과 직각 방향이다.)

14 강판두께 $t = 19$ mm, 용접선의 유효길이 $l = 200$ mm이고, h_1, h_2가 각각 8 mm 일 때, 하중 $P = 70$ kN에 대한 인장응력은 몇 MPa인가?

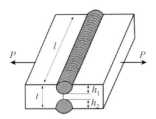

15 인장압축의 반복하중 300 kN이 용접선에 직각 방향으로 작용하고, 폭이 500 mm 인 2개의 강판을 맞대기 용접할 때, 강판의 두께는 얼마인가? (단, 허용응력 $\sigma_a = 80$ MPa이다.)

16 그림과 같이 사각단면 외측에 상하 두 줄로 필릿 용접을 하였다. 굽힘 모멘트 3 [kN·m] 가 작용할 경우 용접부의 최소 목두께(a)는 얼마인가? (단, 용접부의 허용굽힘응 력은 300 [MPa], 판재의 폭은 500 [mm]이다.)

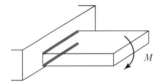

17 그림과 같이 원형 실축 외측에 필릿 전둘레 용접을 하였다. 굽힘 모멘트 1 [kN·m] 가 작용할 경우 용접부의 최소 목두께(a)는 얼마인가? (단, 용접부의 허용굽힘응 력은 100 [MPa]이다.)

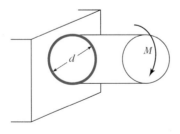

18 그림과 같이 원형 실축 외측에 필릿 전둘레 용접을 하였다. 비틀림 모멘트 2 [kN·m]가 작용할 경우 용접부의 최소 목두께(a)는 얼마인가? (단, 용접부의 허용전단응력은 200 [MPa]이다.)

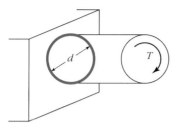

19 그림과 같이 판재를 완전 용입 용접을 하였다. 굽힘 모멘트 4 [kN·m]가 작용할 경우 용접부의 최소 목두께(a)는 얼마인가? (단, 용접부의 허용굽힘응력은 200 [MPa], 판재의 길이(d)는 500 [mm]이다.)

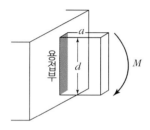

20 그림과 같이 사각단면 외측에 필릿 전둘레 용접을 하였다. 굽힘 모멘트 3 [kN·m]가 작용할 경우 용접부의 최소 목두께(a)는 얼마인가? (단, 용접부의 허용굽힘응력은 500 [MPa], 단면의 길이 d는 300 [mm], b는 500 [mm]이다.)

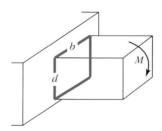

학습 5 용접 비용에 영향을 주는 요소

5-1. 용착 효율

> 학습 목표 · 용착 효율에 대하여 알 수 있도록 한다.

[1] 용착 효율

용접봉의 용착 효율은 용착 금속의 중량에 대한 용접봉의 총 사용중량의 비를 말하며, 용접봉의 소요량을 산출하거나 용접 작업시간을 판단한다. 용착 효율은 다음과 같다.

$$용착\ 효율(\%) = \frac{용착금속의\ 중량}{용접봉의\ 총\ 사용\ 중량} \times 100(\%)$$

이때 용접봉의 총 사용중량에는 순용착 금속 외에 피복제, 잔봉, 스패터(spatter) 손실, 연소에 의한 손실 등이 포함된다. 이들의 값은 용접봉의 종류, 상품명, 용접 이음부의 모양, 용접 자세 등에 따라 다르다. 각 용접법에 따른 용착 효율을 나타낸 것이다.

(1) 피복 아크 용접봉의 경우 : 65%

(2) 플럭스 내장 와이어의 반자동 용접의 경우 : 82%

(3) 가스 보호 반자동 용접의 경우 : 92%

(4) 서브머지드 아크 용접의 경우 : 100%

잔봉의 길이도 홀더를 용접부에 충분히 접근시킬 수 있을 때는 50 mm 전후가 되도록 최대한 사용할 수 있으나, 접근하기 곤란한 제품이나 공사 현장 또는 수직 자세나 위보기 자세 용접 등 용접하기 곤란한 자세에서는 부득이 70~100 mm로 길게 남게 되며, 스패터 손실도 증가하여 용착 효율이 저하된다.

피복아크용접의 용착 효율은 홀더 부분 약 50 mm 부분을 버리는 것으로 가정할 때 아래보기 자세에서 철분계는 60~65%, 기타 용접봉(셀룰로스계는 제외)은 50~55% 정도이다.

5-2. 용접봉의 소요량

학습 목표	• 용접봉의 소요량에 대하여 알 수 있도록 한다.

[1] 용접봉의 소요량

피복 아크 용접봉의 소요량은 실제 용착 금속의 중량보다 더 많다. 이유는 스패터 손실, 피복제의 연소 및 슬래그화, 잔봉 등의 손실이 있기 때문이며, 이러한 손실은 용착 효율에 영향을 주고 있다.

예를 들어 350 mm 용접봉인 경우, 잔봉 손실이 약 14%, 피복제의 연소 및 슬래그 손실이 10~15%, 스패터 손실이 5~15% 정도이므로 많게는 44%, 적게는 29%의 손실이 발생하여 용착 효율이 56~71%로 저하되고 있다.

용접 구조물 시공에 소요되는 용접봉의 양을 정확하게 파악하는 것은 생산 계획상 대단히 중요하다. 일반적으로 플랜트 공사의 경우 설치 물량 1톤당 10~12 kg 정도 된다고 하나 용접 이음부의 단면적이나 홈의 형상, 용접 방법에 따라 달라진다.

용접봉 산출은 이음부 단면적에 길이와 용착 금속의 비중을 곱하여 용착 금속의 중량을 구한 후 용접봉의 손실량을 감안하여 산출한다. 즉, 용착 효율을 알면 용접봉의 소요량을 알 수 있게 되며, 산출 방법을 식으로 표시하면 다음과 같다.

$$W_e = \frac{W_d}{\eta} \text{ [g]} \qquad W_d = (A + B + C) \times \rho \times L \text{ [g]}$$

여기서, W_e : 용접봉의 총 소요량 [g] W_d : 용착 금속의 이론 중량 [g]

A : 용접 이음부의 단면적 [cm^2] B : 표면 및 이면 덧붙임부의 단면적 [cm^2]

C : 뒷면 따내기부의 단면적 [cm^2] ρ : 용착 금속의 비중

L : 용접길이 [cm] η : 용착 효율 (%)

일반적으로 덧붙임은 이음부 단면적의 10~20% 정도면 되나, 용접 자세나 용접봉의 종류에 따라 달라진다. 용착 금속의 비중은 연강에서 7.85 [g/cm^3], 18-8 스테인리스강은 7.93 [g/cm^3]으로 한다.

용접부의 단면적은 용접 이음의 모양에 따라 달라진다. 동일한 용접길이에서도 판재의 두께, 용접 홈의 모양, 용접 위치 등에 따라 소요시간, 용접봉 소비량 등이 크게 달라지므로 용접길이를 산출할 때 이 점을 주의하여야 된다.

자동 용접이나 저항 용접기는 용접 속도가 빠르므로 용접에 필요한 소요시간이 적게 드는 이점이 있으나, 용접 장치의 유지 및 상각비가 수동 용접보다 비싸다. 이러한 관점에서 용접기도 검토하여 가장 경제적인 방법과 용접기종을 선택한다.

1. 용접 홈의 단면적 계산

(1) 필릿 용접부의 단면적 계산

(가) 다리길이가 같은 경우

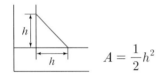

$$A = \frac{1}{2}h^2$$

(나) 다리길이가 다른 경우

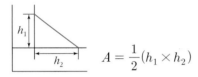

$$A = \frac{1}{2}(h_1 \times h_2)$$

(2) 육성 용접부의 단면적 계산

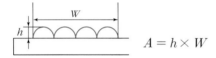

$$A = h \times W$$

(3) 플러그 및 슬롯 용접부의 단면적 계산

(가) 플러그 용접인 경우

$$V(체적) = \pi \cdot (\frac{d}{2})^2 \cdot t$$

(나) 슬롯 용접인 경우

$$V(체적) = [\pi \cdot (\frac{d}{2})^2 + (L - d) \cdot d] \cdot t$$

(4) 스폿(점) 용접부의 단면적 계산

$$V(체적) = \frac{1}{2} \cdot \pi \cdot (\frac{W}{2})^2 \cdot h$$

(5) 심 용접부의 단면적 계산

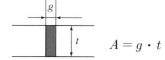

$$A = \frac{1}{2} \cdot W \cdot h$$

(6) 비드 용접부의 단면적 계산

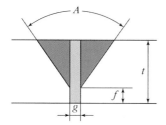

$$A = \frac{1}{2} \cdot W \cdot h$$

(7) I형 용접부의 단면적 계산

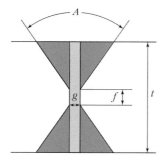

$$A = g \cdot t$$

(8) V형 용접부의 단면적 계산

$$A = g \cdot t + (t - f)^2 \cdot \tan(\frac{A}{2})$$

(9) X형 용접부의 단면적 계산

$$A = g \cdot t + 2 \cdot (\frac{t - f}{2})^2 \cdot \tan(\frac{A}{2})$$

(10) 한쪽 베벨(L)형 용접부의 단면적 계산

$$A = g \cdot t + \frac{1}{2} \cdot (t - f)^2 \cdot \tan A$$

(11) 양쪽 베벨(K)형 용접부의 단면적 계산

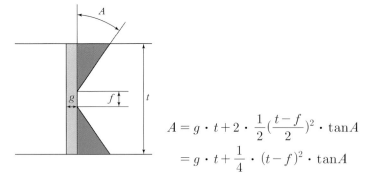

$$A = g \cdot t + 2 \cdot \frac{1}{2}\left(\frac{t-f}{2}\right)^2 \cdot \tan A$$
$$= g \cdot t + \frac{1}{4} \cdot (t-f)^2 \cdot \tan A$$

(12) U형 용접부의 단면적 계산

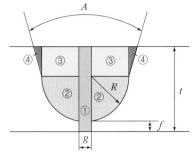

$$A = ① + ② + ③ + ④$$

$$= g \cdot t + 2 \cdot \frac{1}{4} \cdot \pi \cdot R^2 + 2 \cdot R \cdot (t-R-f) + 2 \cdot \frac{1}{2} \cdot (t-R-f)^2 \cdot \tan\frac{A}{2}$$

$$= g \cdot t + \frac{1}{2} \cdot \pi \cdot R^2 + 2 \cdot R \cdot (t-R-f) + (t-R-f)^2 \cdot \tan\frac{A}{2}$$

(13) H형 용접부의 단면적 계산

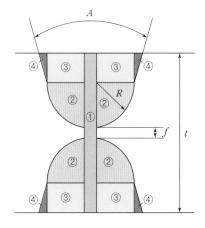

$A = ① + ② + ③ + ④$

$$= g \cdot t + 4 \cdot \frac{1}{4} \cdot \pi \cdot R^2 + 4 \cdot R \cdot (\frac{t - 2 \cdot R - f}{2}) + 4 \cdot (\frac{t - 2 \cdot R - f}{2})^2 \cdot \tan\frac{A}{2}$$

$$= g \cdot t + \pi \cdot R^2 + 2 \cdot R \cdot (t - 2 \cdot R - f) + (t - 2 \cdot R - f)^2 \cdot \tan\frac{A}{2}$$

(14) 한쪽 J형 용접부의 단면적 계산

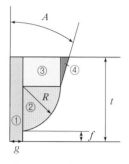

$A = ① + ② + ③ + ④$

$$= g \cdot t + \frac{1}{4} \cdot \pi \cdot R^2 + R \cdot (t - R - f) + \frac{1}{2} \cdot (t - R - f)^2 \cdot \tan A$$

(15) 양쪽 J형 용접부의 단면적 계산

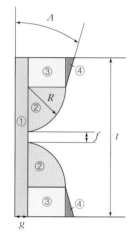

$A = ① + ② + ③ + ④$

$$= g \cdot t + 2 \cdot \frac{1}{4} \cdot \pi \cdot R^2 + 2 \cdot R \cdot (\frac{t - 2 \cdot R - f}{2}) + 2 \cdot (\frac{t - 2 \cdot R - f}{2})^2 \cdot \tan A$$

$$= g \cdot t + \frac{1}{2} \cdot \pi \cdot R^2 + R \cdot (t - 2 \cdot R - f) + \frac{1}{2}(t - 2 \cdot R - f)^2 \cdot \tan A$$

예제 (1) 판두께 15 mm, 홈 각도 60°, 루트간격 2 mm, 루트면 3 mm인 V형 맞대기 이음 1 m를 용접하는 데 필요한 용접봉 소요량을 구하라. (단, 보강 덧쌓기 : 20%, 용착 금속의 비중 ρ : 7.85, 용착 효율 : 50%, 뒷면 따내기 반경 r : 3 mm 이다.)

(2) 위의 (1)을 용접하기 위한 총 용접 작업시간을 구하라. (단, 용착 속도(R) : 40 g/min, 아크타임 : 40%)

[풀이]

(1) $A = g \cdot t + (t - f)^2 \cdot \tan(\frac{A}{2})$

$W_d = (A + B + C) \cdot \rho \cdot L$ cm²

$W_e = \dfrac{W_d}{\eta}$ [g]

여기서, $t = 1.5$ cm, $g = 0.2$ cm, $f = 0.3$ cm, $A = 60°$, $\gamma = 7.85$, $L = 100$ cm, $\eta = 50\%$이므로

$A = (0.2 \times 1.5) + (1.5 - 0.3)^2 \times \tan30° \fallingdotseq 1.1314$ cm²

$B = A \times 20\% = 1.1314 \times 0.2 \fallingdotseq 0.2263$ cm²

$C = \dfrac{\pi \cdot r^2}{2} = \dfrac{3.14 \times 0.3^2}{2} \fallingdotseq 0.2827$ cm²

$W_d = (1.1314 + 0.2263 + 0.2827) \times 7.85 \times 100 \fallingdotseq 1{,}287.714$g

$W_e = \dfrac{1{,}287.714}{0.5} \fallingdotseq 2575.427$ [g] $\fallingdotseq 2.575$ [kg]

(2) 순수 용접 작업시간[min] $= \dfrac{\text{용접봉의 총 소요량[g]}}{\text{용착속도[g/min]}}$

아크타임(%) $= \dfrac{\text{순수 용접 작업시간[min]}}{\text{총 용접 작업시간[min]}}$

총 용접 작업시간[min] $= \dfrac{\text{순수 용접 작업시간[min]}}{\text{아크타임(\%)}}$

$= \dfrac{\text{용접봉의 총 소요량}[W_e \text{ ; g}]}{\text{용착속도}[R \text{ ; g/min}] \times \text{아크 타임(\%)}}$

$T_a = \dfrac{W_e}{R \cdot T_e} = \dfrac{2575.247}{40 \times 0.4} \fallingdotseq 160.953$분 $\fallingdotseq$ 2시간40.95분

5-3. 기타 용접 비용

학습 목표	• 용접에 따른 기타 비용에 대하여 알 수 있도록 한다.

[1] 보호 가스 아크 용접 와이어 산출

솔리드 와이어는 피복 아크 용접봉에 비해서 잔봉으로 버리는 부분이 거의 없으나 스패터 손실은 용접 방법과 기술에 따라 다소 발생한다.

서브머지드 아크 용접이나 일렉트로 슬래그 용접의 경우는 스패터 손실이 거의 없어 용착 효율이 거의 100%이다. 가스 메탈 아크 용접에서는 스패터 손실이 약 5% 정도이고 TIG, 플라스마 아크 용접에서는 스패터 손실이 거의 없다. 플럭스코어드 아크 용접에서는 와이어 내부의 플럭스가 용접 중 슬래그로 10~20% 손실되고 스패터 손실이 5% 미만이기 때문에 용착 효율은 75~85%이다.

[2] 환산 용접길이

용접 견적 시 용접길이를 계산하는 것은 가장 기본적인 사항이다. 동일한 길이를 용접하는 경우라도 판두께, 용접 자세, 작업 장소 등에 따라 용접에 소요되는 작업량도 변한다. 즉, 목길이, 용접 자세, 작업 장소 등 일정한 작업 조건에서 환산한 용접길이를 '환산 용접길이'라고 한다.

이 환산 용접길이는 직접 공사량을 예측하는 기본이 된다. 그러므로 설계도와 시공법이 결정되면 즉시 도면 계산을 하여 환산 용접길이를 구하여 놓아야 할 것이다. 환산 용접길이의 계산에 사용되는 환산계수는 용접봉의 종류와 봉의 지름, 공장 또는 현장의 설비에 따라 차이가 있다.

예제 판두께 10 mm를 아래보기 자세로 20 m, 판두께 15 mm를 수직 자세로 12 m 맞대기 용접할 경우의 환산 용접길이를 구하라. (단, 현장 용접이며, 아래보기 맞대기 용접 환산계수는 1.32, 수직 맞대기 용접 환산계수는 4.32이다.)

[풀이]

판두께 10 mm의 아래보기 맞대기 용접의 환산계수가 1.32이고, 15 mm의 수직 맞

대기 용접의 환산계수는 4.32이므로

$$20 \times 1.32 = 25.4 \text{ m}, \quad 12 \times 4.32 = 51.84 \text{ m}$$

따라서 구하는 환산 용접길이는 26.4 + 51.84 = 78.24 m이다.

[3] 플럭스(flux)

용접 시 사용하는 플럭스는 재료비에 포함된다. 서브머지드 아크 용접이나 일렉트로 슬래그 용접 또는 가스 용접의 플럭스 비용은 용착 금속의 무게와 관계하며 계산할 수 있다.

플럭스 비용(원/m) = 플럭스 가격(원/g)×용착 금속의 무게(g/m)×플럭스 비율

일반적으로 서브머지드 아크 용접에서는 1 g의 용접봉이 용착되면 1.5~2 g의 플럭스가 소요된다. 그래서 플럭스 비는 1.5~2 정도 된다.

일렉트로 슬래그 용접의 경우 100 g의 용접봉이 소모될 때 플럭스는 5~10 g이 소요되므로 플럭스 비는 0.05~0.1이다.

[4] 보호 가스(shielding gas)

보호 가스 비용은 실제 용접시간 중 아크 시간에 관계하며, 일반적으로 정해진 일정한 양으로 공급되고 단위는 보통 l/min이다.

보호 가스 비용은 2가지 방법으로 계산할 수 있다.

용접부의 단위 길이(m)당 소요된 가스 비용을 계산하는 방법이 있다.

$$가스 \ 비용(원/m) = \frac{가스 \ 비용(원/l) \times 가스공급량(l/min)}{용접속도(cm/min)} \times 100$$

스폿 용접 등 짧은 용접부에는 용접 시간당 소비되는 가스 비용으로 계산한다.

가스 비용(원/용접부) = 가스 비용(원/l)×가스 공급량(l/min)×용접 시간(min)

[5] 용접 작업 시간과 인건비

용접 비용 계산 중에서 인건비는 비용 전체에서 가장 많은 비용을 차지하는 요소로서 대부분의 인건비는 작업시간에 대한 급여로 계산된다.

인건비(원/m) = 작업자 시급(원/시간)×용접 속도(cm/min)×작업계수(%)×60/100

여기서 용접 작업시간 산출의 정확성은 견적 금액에 큰 영향을 받으므로 가능한 정확하게 산출해야 한다. 용접에 필요한 시간은 제품의 종류와 모양, 용접길이, 용접봉의 종류와 지름 및 용접 자세에 따라 변동된다.

특히 용접 자세가 아래보기인 경우 수직이나 위보기 자세에 비해서 단위 길이를 용접하는 데 필요한 시간은 약 1/2이면 된다.

용접 작업시간 중에는 용접봉의 교환, 슬래그 제거, 예열 등의 작업 이외에도 작업을 수행하는 데 다음과 같은 여유 설정이 필요하다.

(1) 필요한 작업 여유(공구의 준비, 도면의 검토)

(2) 용도 여유(음료수 및 용변)와 피로 여유(휴식 허용 시간)

(3) 직장 여유(크레인 대기, 재료 정리)

위와 같은 여유 시간도 포함되므로 실제로 아크를 발생하고 있는 시간, 즉 아크 타임(작업계수)은 상당히 적다. 용접 소요시간과 용접 작업시간의 비, 즉 단위시간 내의 아크 발생 시간을 백분율로 표시한 것을 아크타임이라고 한다.

본 용접의 용접 작업시간은 환산 용접길이의 계산에서 종래의 실적으로 한 공수당 또는 단위 시간당의 작업량을 결정하여 두면 쉽게 산출할 수 있다. 그러나 가접의 작업시간은 조립 작업의 난이도에 좌우되므로 예상하기 어렵다. 아크타임은 능률이 좋은 공장에서는 수동 용접에서 평균 35~40%, 자동 용접에서는 40~50% 정도이다. 용접 작업시간은 다음 식에서 산출할 수 있다.

$$T_a = \frac{W_e}{R \cdot T_e} \ [\text{min}]$$

여기서, T_a : 용접 작업시간(총 용접시간) W_e : 용접봉의 총 소요량 [g]

R : 용착 속도 [g/min] T_e : 용접공의 실동 효율, 즉, 아크타임(%)

[6] 소비 전력량

소비 전력량은 사용 전력에 용접시간을 곱하고 용접기의 내부 손실을 더해야 되며, 용접기의 효율을 고려해야 한다. 용접기의 효율은 일반적으로 직류 용접기는 약 50%, 교류 용접기에서는 80% 정도이나, 개개의 용접기 성능, 용접 케이블의 거리, 용접 단자전압의 변동 등에 따라 상당한 차이가 있다.

용접기의 무부하 운전에 의한 전력량의 손실은 직류 용접기에서는 25~45%가 되나 교류 용접기에서는 고려할 필요가 없다.

$$P = \frac{E \cdot I \cdot T_e}{\eta} \times \frac{1}{1000} \ [\mathrm{kw}]$$

여기서, P : 소비 전력량 [kW] E : 아크 전압 [V] T_e : 아크타임

I : 아크 전류 [A] η : 용접기의 효율(%)이다.

전력비(원/m)

$$= \frac{\text{전력비(원/h)} \times \text{전압(V)} \times \text{전류(A)} \times \text{용착금속무게(g/m)}}{1000 \times \text{용접속도(g/h)} \times \text{용접기 효율(%)}}$$

[7] 기타(제외) 경비

기타 경비는 공장의 여러 요소로 이루어지며, 공장의 조건에 따라 다르다. 즉, 관리직 사원들의 급료, 세금, 건물 유지비, 건물 및 기계의 감가 상각비, 정비비와 소모성 공구, 홀더, 안전 장비, 치핑 해머 등 여러 가지 간접 비용이 여기에 포함된다.

$$\text{기타 경비(원/m)} = \frac{\text{제외 경비율(원/h)} \times \text{용착 금속 무게(g/m)}}{\text{용착속도(g/h)} \times \text{작업계수(%)}}$$

$$= \frac{\text{제외 경비율(원/h)}}{\text{용착속도(g/h)} \times \text{작업계수(%)} \times 60/100}$$

[8] 준비비

용접 구조물의 제작은 재료의 마킹, 모형판에 의한 재료 채취, 재료의 교정, 절단, 구멍뚫기, 절삭 및 조립 등 많은 공정을 거쳐서 용접 작업이 수행되는 것으로, 이들 작업에 요하는 제작 공수는 일반적으로 용접 공수보다 많은 것이 보통이므로 비용 산출에 특별히 주의해야 한다.

준비비의 내용에는 현도 작업이나 지그 또는 용접 홈의 가공비, 가접비 등이 포함되어야 한다. 그리고 부재의 정밀도가 나쁠 때는 조립이나 용접 작업에 많은 시간을 소비할 뿐만 아니라 변형이 커지고 용입 불량, 균열 등의 용접 결함이 많아져서 변형 제거나 수정 작업에 많은 공수를 소비하게 되는 결과를 가져오므로 적은 낭비라도 누적되면 큰 손실을 초래하게 된다.

[9] 후처리비

용접을 끝낸 후의 풀림 처리와 변형 제거, 용접 끝손질, 검사 등의 작업은 예상 외로 큰 비용이 필요하게 된다. 예를 들면, 변형 제거 작업은 제품의 정밀도에 따라서 상이하나 용접 작업의 5~10% 정도가 필요하며, 끝손질 작업도 제품에 따라서 여유를 잡아 둘 필요가 있다. 그러므로 용접공의 기술에 따라서 배치를 계획하고 일의 내용이나 요점을 납득시킨 후 작업에 착수하면 끝손질 작업에 대한 견적도 필요없게 될 수도 있다.

용접 후의 검사는 육안 검사와 방사선 투과 검사가 일반적으로 이용되고 있다. 이때 X선의 촬영 개소는 사양서에서 지시되는 때도 있으나 지시되지 않았어도 제품이나 공사의 규모, 중요도에 따라 검사 비용을 견적할 필요가 있다. 또한 검사원은 용접사 30명에 1명 정도로 배정하면 충분하다.

공장에서 검사를 생략하고 납품 후에 끝손질을 하게 되면 큰 손해를 볼 때가 있으므로 공장 안에서의 사내 검사를 반드시 할 필요가 있다.

[10] 부자재비

교류 용접기의 사용 연한은 대략 10~15년 정도이나, 이동 작업이 심할 때에는 4~5년이면 못쓰게 되기도 한다. 또한 성능이 나쁜 용접기는 소비 전력량이 많아지므로 주의해야 한다. 캡타이어 케이블의 길이는 산업 현장에서는 30~50 m 길이로 사용되고 있으나 낭비가 없도록 케이블 이음 기구를 써서 사용하도록 한다. 가죽 장갑이나 보호 안경 등 부재료비의 연간 소비액의 실적에서 용접공 1명에 대한 금액을 산출하여 두면 견적에 편리하다.

01 용착 효율의 정의에 대하여 설명하시오.

02 용접봉의 총 사용량의 정의에 대하여 설명하시오.

03 두께 8 mm 아래보기 맞대기 용접으로 15 m와 두께 15 mm 수직 맞대기 용접으로 8 m 현장 용접에서 환산 용접길이는 얼마로 해야 하는가? (단, 두께 8 mm 아래보기 맞대기 현장 용접인 경우 환산계수는 1.32, 두께 15 mm 수직 맞대기 현장 용접인 경우 환산계수는 4.32로 한다.)

04 그림과 판두께 20 mm, 홈 각도 30°, 루트간격 2 mm, 루트면 3 mm, 루트 반경 5 mm인 H형 맞대기 이음 1 m를 용접하는 데 필요한 용접봉 소요량을 구하시오. (단, 보강 덧쌓기(상하 포함) : 용착 금속의 이론중량의 20%, 용착 금속의 비중 ρ : 7.85, 용착 효율 : 50%이다.)

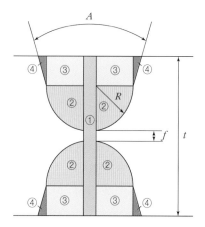

05 문제 04의 내용을 용접하기 위한 총 용접시간을 구하시오. (단, 용착 속도(R) : 40 g/min, 아크타임 : 40%이다.)

06 플럭스 사용에 따른 비용 산출 방법을 설명하시오.

07 용접부의 단위 길이(m)당 소요된 가스 비용 계산 방법을 설명하시오.

08 용접에 따른 인건비 계산 방법을 설명하시오.

09 용접 작업시간(총 용접 시간) 산출 방법을 설명하시오.

10 용접에 따른 전력비(원/m) 산출 방법을 설명하시오.

학습 6 용접 이음 설계

6-1. 용접 구조 설계 기본

학습 목표 　•용접 구조 설계 기본에 대하여 알 수 있도록 한다.

[1] 용접 구조 설계의 순서

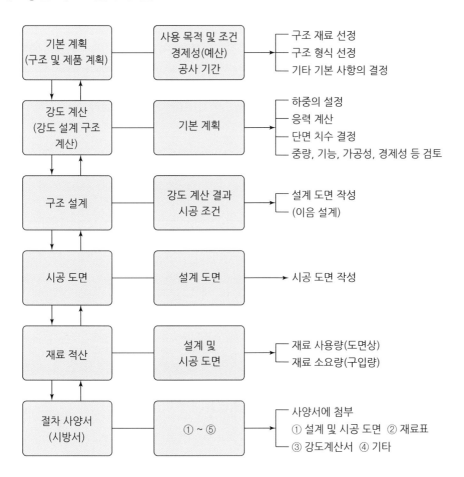

1. 기본 계획(구조 계획, 제품 계획)

사용 목적, 사용 조건, 경제성, 공사기간, 구조물의 재료, 구조 형식 등 기본사항을 결정한다.

2. 강도 계산(구조 계산, 강도 설계)

용접구조물이 사용 중에 받는 각종 하중을 설정하여 각 부분에서 일어나는 응력을 구하고 구조 및 이음의 강도가 충분히 안전한가를 검토하며, 중량, 기능, 가공성 및 경제성 등의 측면에서 가장 유리한 용접 구조 및 이음을 결정하고, 부재 및 이음의 적당한 단면 치수를 결정한다.

3. 구조 설계

구조물의 강도 계산의 결과 및 시공 조건을 고려하여 구조물 또는 제품의 설계 도면을 작성한다. 이때 이음의 세부 사항을 결정하는 이음의 설계도 포함된다.

4. 시공 도면 작성(공작 도면)

제작자가 설계 도면을 보고 충분히 시공이 가능하도록 시공법의 세부 사항을 지시한 도면을 작성한다.

5. 재료 적산

구조물 설계 도면에 따른 재료의 종류와 소요되는 양을 적산한다. 재료의 종류는 중량 계산의 기초가 되며, 소요되는 양은 구입 계획에서 반드시 필요하다.

6. 용접 절차 사양서(WPS) 작성

용접 구조물 설계 도면과 시공 도면에 따라 구조물을 제작 및 설치 방법 등의 세부 지시 사항을 기록한 명세서를 만든다. 용접 절차 사양서는 일반적으로 다음과 같은 사항으로 작성하며, 용접 절차 사양서를 작성하기 전에 각종 시험 검사를 통하여 용접절차 검정 기록서(PQR)를 작성한 후 용접 절차 사양서를 작성하게 되며, 구조물이나 제품의 종류, 사용 목적에 따라 지정 항목을 다르게 할 수 있다.

(1) 구조물 명칭 (2) 용어의 의미

(3) 수량 (4) 개요(구조, 형상, 치수, 종류와 등급)

(5) 성능(품질) (6) 공사범위

(7) 적용범위 (8) 사용 목적

(9) 재료(성분) (10) 시험 및 검사

(11) 공장 및 기술자 자격 (12) 용접사의 자격

(13) 제조방법 또는 가공방법 (14) 용접 시공법

(15) 도장(외관) (16) 취부

(17) 성능 시험 (18) 표시 및 포장

(19) 제작 감독 (20) 예비품 및 부속품

(21) 보증(유지, 보수, 관리) (22) 기타

[2] 용접 구조물의 설계와 재료, 시공 관계

용접 설계에 요구되는 것은 구조물 전체 혹은 일부가 사용 기간 중에 파손을 일으키지 않는 것이다. 구조물의 설계에 있어서는 그림 6.1과 같이 구조 요소에서의 용접 이음 부분의 성능을 설계, 재료, 시공의 견지에서 종합적으로 파악하는 것이 필요하다.

그림 6.1 용접 구조물 설계시 용접성

1. 용접성(weldability)

용접 시공의 쉽고 어려움의 정도만을 의미하지 않고 '최적이라고 생각되는 용접 재료와 용접법을 적용하여 양호한 용접을 행할 수 있는 모재의 능력', 즉 용접 시공 중 혹은 시공 후에 있어서 용접부의 품질과 건전성을 확보하기 위한 용접의 난이를 표현하는 것을 용접성이라고 한다. 따라서 용접성은 사용하는 강재의 종류, 적용하는 용접법, 시공 조건 등에 따라 다르기 때문에 용접성을 조사하는 시험에 관해서는 그 목적에 따라 시공에 관한 요인의 영향을 명확하게 평가할 수 있는 방법을 선정하는 것이 중요하다.

(1) 접합(이음) 성능

접합 성능이란 결함이 없는 용접부를 형성하기 위한 용접 시공이 가능한가의 여부를 나타내며, 온도 변화에 따른 모재의 성질 변화나 용접 결함의 정도 등과 그의 대책법 등과 관계된다.

(가) 모재 및 용접 금속의 온도 변화에 따른 제성질의 변화

(나) 용접 결함

1) 모재 및 용접 금속의 고온 및 저온 균열

2) 용접 금속의 기공 및 슬래그 혼입

3) 용접 금속의 형상, 치수 불량

(2) 사용 성능

사용 성능은 용접 구조물의 내구성과 안전성을 나타내며, 모재 및 용접부의 기계적 성질, 노치 인성, 산화 및 부식 등에 대한 저항력 등을 말한다.

(가) 모재 및 용접부의 물리적 및 화학적 성질

(나) 모재 및 용접 금속의 기계적 성질

(다) 모재 및 용접 금속의 노치 인성(연성)

(라) 용접 변형과 잔류응력

(마) 구조물의 피로강도 및 부식

[3] 용접 강도를 고려한 용접라인 배치

1. 용접부에 작용하는 응력이 최소로 되는 부위를 용접라인으로 배치한다.

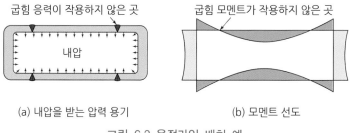

(a) 내압을 받는 압력 용기   (b) 모멘트 선도

그림 6.2 용접라인 배치 예

2. 용접부에 작용하는 부하 응력이 최소로 되도록 부재를 배치한다.(노치 포함)

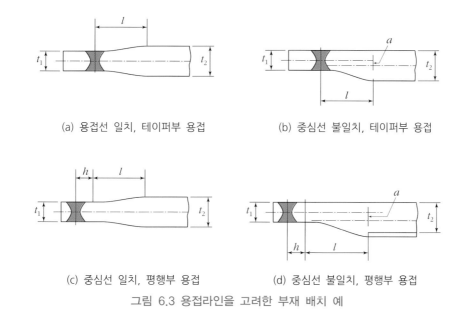

(a) 용접선 일치, 테이퍼부 용접   (b) 중심선 불일치, 테이퍼부 용접

(c) 중심선 일치, 평행부 용접   (d) 중심선 불일치, 평행부 용접

그림 6.3 용접라인을 고려한 부재 배치 예

6-2. 용접 이음의 종류 및 형상

학습 목표	• 용접 이음의 종류 및 형상에 대하여 알 수 있도록 한다.

[1] 용접 이음의 종류

용접 이음의 종류에는 맞대기 이음(butt joint), 필릿 이음(fillet joint), 모서리 이음(corner joint), 겹치기 이음(lap joint) 등을 기본으로 하여 구조물의 조건에 맞도록 소재를 절단하거나 굽힘 가공하여 여러 가지의 형상으로 이음을 할 수 있다.

그림 6.4는 용접 이음부의 여러 가지 형상을 나타낸 것이다.

| (a) 맞대기 이음
(butt joint) | (b) 모서리 이음
(corner joint) | (c) 변두리 이음
(edge joint) | (d) 겹치기 이음
(lap joint) |

(e) T 이음 (tee joint) (f) 십자 이음 (cruciform joint) (g) 전면 필릿 이음 (front fillet joint) (h) 측면 필릿 이음 (side fillet joint) (i) 양면 덮개판 이음 (double fillet joint)

그림 6.4 용접 이음의 기본 형상

[2] 맞대기 이음부 홈(groove)의 형상

용접 이음부의 충분한 강도를 얻기 위해서는 용입 깊이(penetration), 덧살, 비드 폭, 목길이 등을 충분히 확보할 필요가 있다. 따라서 두께가 두꺼운 금속을 용접할 경우에는 I, V, J, U형 등의 홈 가공이 필요하게 되는데, 일반적으로 두께 6 mm 이하에서는 I형, 4~12 mm에서는 V형, 그 이상은 X, H, K형 등의 홈을 가공하여 용접함으로써 필요로 하는 이음 강도를 얻도록 한다.

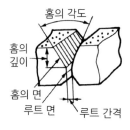

(a) 홈의 각부 명칭

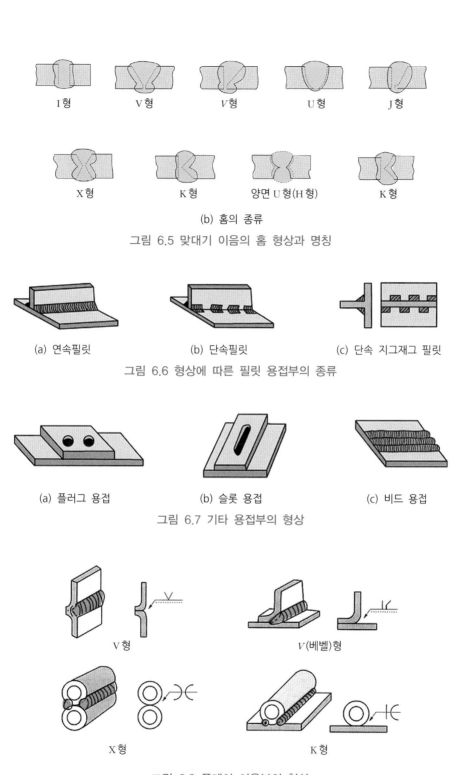

I형 V형 *V*형 U형 J형

X형 K형 양면 U형(H형) K형

(b) 홈의 종류

그림 6.5 맞대기 이음의 홈 형상과 명칭

(a) 연속필릿 (b) 단속필릿 (c) 단속 지그재그 필릿

그림 6.6 형상에 따른 필릿 용접부의 종류

(a) 플러그 용접 (b) 슬롯 용접 (c) 비드 용접

그림 6.7 기타 용접부의 형상

V형 *V*(베벨)형

X형 K형

그림 6.8 플레어 이음부의 형상

[3] 용접부 홈(groove) 설계의 요점

1. 용접 홈각도, 베벨각도, 루트면, 루트간격 사이의 관계

홈의 각도를 작게 할 경우, 루트 간격은 넓게 한다. 루트 간격이 좁을 때는

(1) 루트면을 작게 하거나

(2) 홈각도 및 베벨각도를 크게 한다.

이것은 루트 부근까지 용접봉이 들어가 충분한 운봉으로 완전 용입을 가능하게 하고 용접결함을 방지하기 위함이다.

2. 중판이상의 홈 설계 시 고려사항

(1) 최소 10° 정도의 전·후·좌·우로 용접봉을 움직일 수 있는 홈 각도를 만든다.

(2) 홈의 단면적은 가능한 작게 한다. (개선 가공비를 고려한다.)

(3) 적당한 루트 간격과 루트면을 만들어 준다. (루트 간격의 최대치는 사용봉의 지름 이하로 한다.)

(4) 루트 반지름은 가능한 한 크게 한다. (홈각이 0인 U형 홈이 좋다.)

(5) 중요한 구조물에서는 개선 가공비에 관계없이 이음의 안정성을 고려하여 선택한다.

6-3. 용접부에 영향을 주는 강도

> 학습 목표　　• 용접부에 영향을 주는 강도에 대하여 알 수 있도록 한다.

[1] 용접 이음의 피로강도

1. 피로 수명

용접구조물이 받는 하중은 일반적인 정하중보다 반복되는 하중이 가해지는 경우가 많다. 이와 같이 재료에 반복하중이 가해질 때 정하중이 작용하는 경우보다 낮은 응력에서 파괴되는 것을 피로(fatigue)라고 한다. 피로 파괴까지의 하중, 변위 또는 응력의

반복 횟수를 피로 수명(fatigue life)이라고 한다.

2. 용접 이음의 피로강도

(1) 피로강도에 영향을 미치는 인자

(가) 이음형상

(나) 모재와 용접부의 재질의 차

(다) 용접부의 표면 상태

(라) 가해지는 하중의 종류

(마) 용접 구조상의 응력 집중

(바) 용접 결함

(사) 부식 환경

(2) 피로 수명의 진행 3종류

(가) 균열 발생 수명(Nc) 단계

피로에 의한 균열이 발생하거나 이미 만들어진 노치에서 균열이 진전되기까지의 피로 수명으로 길이 0.2~0.5 mm까지의 육안으로 관찰할 수 있는 균열 발생 수명(crack intiation life) Nc를 말한다.

(나) 균열 전파 수명(Np) 단계

피로 균열 발생 후 그 균열이 부재에 전파할 사이의 반복 횟수, 즉 균열 전파 수명(crack propagation life) Np는 전파된 균열의 길이에 따라 변화하거나 경우에 따라서는 최종적인 연성 또는 취성 파괴까지는 반복 횟수를 포함하는 단계를 말한다. 즉, 균열 전파 수명＝파단 수명－육안 균열 발생 수명

$$Np = Nf - Nc$$

(다) 파단 수명(Nf) 단계

부재가 피로 파단 할 때까지의 피로 수명, 즉 파단 수명(failure life) Nf까지를 말한다.

3. 피로 시험의 종류

용접구조물의 피로 시험에서 반복하중이 작용할 경우, 응력 파형의 종류는 다음과 같다.

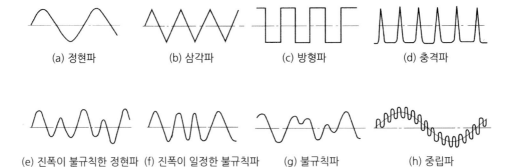

(a) 정현파 (b) 삼각파 (c) 방형파 (d) 충격파

(e) 진폭이 불규칙한 정현파 (f) 진폭이 일정한 불규칙파 (g) 불규칙파 (h) 중립파

그림 6.9 피로 시험에서 반복하중의 응력 파형 종류

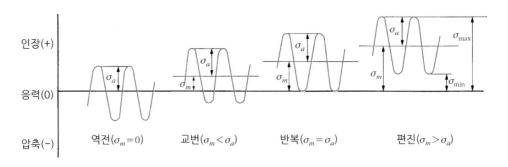

그림 6.10 반복응력 사이클의 종류

또한, 피로 시험에서 반복응력 사이클의 종류는 4가지 응력 사이클 형식을 이용하여 응력 진폭(σ_a)와 평균응력(σ_m)이 생기는 구분으로 나타냈다. 이외에 2종류 이상 다른 반복응력이 순차적으로 작용할 때를 중복 반복이라고 한다. 또한 응력의 종류는 인장, 압축, 전단, 굽힘, 비틀림 및 이들의 조합 응력이 있다.

(1) 양진응력(역전응력, reversed stress)
응력이 0을 통과하여 같은 양의 다른 부호 사이를 변동하는 응력

(2) 교번응력(alternating stress)
응력이 0을 통과하여 같은 양이 아닌 다른 부호 사이를 변동하는 응력

(3) 반복응력(repeated stress)
응력이 0에서 최대치 사이를 변동하는 응력

(4) 편진응력(맥동 응력, pulsating stress)

응력이 같은 부호의 최소치와 최대치 사이를 변동하는 응력

4. 응력-반복회수(S-N) 선도

(1) 고사이클 피로

S-N 선도를 피로 선도(fatigue diagram)라고도 하며, 응력 변동이 피로한도에 미치는 영향을 나타내는 선도를 말한다. 이 S-N(응력 - 반복 횟수) 선도는 일반적으로 피로강도는 세로축에 응력(S), 가로축에 파괴까지의 응력 반복 횟수(N)를 나타낸 선도로서 표시한다.

연강의 피로 시험 곡선은 3개의 절선 A, B, C로 표현되는데 B와 C의 교점 N이 $10^6 \sim$ 10^7 사이에 있는 것이 많다. 즉, 강에 대하여는 $N = 10^6 \sim 10^7$ 사이의 어떤 반복 횟수 이상인 경우에 S-N선이 평탄하게 되는데, 이 응력(피로 한도 : 내구 한도) 이하에서는 아무리 많은 횟수의 반복하중을 가해도 파단되지 않는다.

가로축에 평행한 직선 C의 응력값을 피로한도라고 한다. 2개의 직선 B, C의 교점 이하의 반복 횟수에 대한 피로강도를 시간강도라 하고, 피로한도와 시간강도를 총칭하여 피로강도(fatigue strength)라 한다.

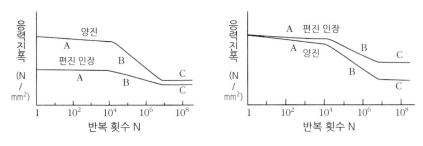

그림 6.11 S-N 선도

(2) 저사이클 피로

응력의 크기 또는 변형의 진폭에 따라 피로 수명은 수회에서 수백만 회 이상으로 되는데, 편의상 압력 용기, 선박, 항공기 등에서는 전수명 시간에 걸리는 응력 및 변형의 반복 횟수를 10^5회 이하로 하는 경우가 많다. 이것을 구별하여 저사이클 피로(low cycle fatigue)라 하고, 그 이상의 수명에서의 피로를 고사이클 피로(high cycle fatigue)라고 부른다.

용접 이음의 저사이클 피로도 이음의 형상, 결함 노치 등이 영향을 미친다. 그림

6.12는 저사이클 피로 범위의 S-N 곡선을 나타낸 것으로 수평 부분의 I의 범위에서는 인장형 파괴, 경사 부분의 II의 범위에서의 피로형 파괴를 나타냈다.

그림 6.13은 HT80 용접 이음의 저사이클 피로 시험(편진) 결과의 한 예이다.

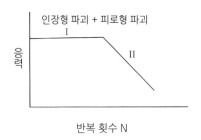

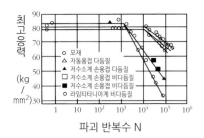

그림 6.12 저사이클 피로 범위　　그림 6.13 HT80 용접 이음의 저사이클 피로 시험 결과

5. 연강 용착 금속과 표면 형상이 피로강도에 미치는 영향

연강 용접봉의 전용착 금속의 피로 한도는 용접 결함이 없는 한 대략 모재와 거의 같으나 회전 굽힘(양진, 역전, 교번)의 피로한도는 인장강도의 40~50% 정도, 항복점의 55~70% 정도이다.

또한 용접 이음의 피로강도는 표면 형상에 매우 민감하여 용접부의 비드 높이가 높으면 언더컷이나 비드 파형에 노치가 생기게 되어 피로강도가 떨어지게 된다. 따라서 피로강도를 증가시키려면 용접부를 기계 등으로 평활하게 다듬질해야 하며, 연삭일 때는 그 다듬질 방향이 하중 방향에 직각인가 평행인가에 따라 피로강도의 차이가 생길 수도 있다.

(1) 반복하중과 피로강도

(가) 평탄 시편과 부식, 노치 시편의 피로강도 비교

재료는 그 특성에 따라 정하중 상태의 인장강도는 크다 해도 반복하중의 작용 여부, 그리고 재료의 부식 상태나 노치 여부에 따라 피로강도나 충격강도에 커다란 차이가 있다.

그림 6.14는 탄소강의 인장강도와 피로한도의 비교를 나타낸 것이며, 그림 6.15는 부식 시편과 노치 시편, 그리고 평탄하게 가공한 시편의 피로한도를 비교한 것으로 노치나 부식이 없는 평탄 시편이 피로 한도가 크게 나타났음을 알 수 있다.

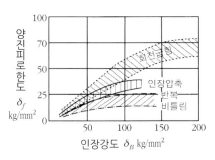

그림 6.14 인장강도와 피로강도의 비교

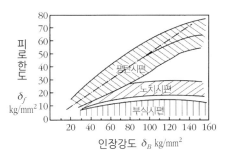

그림 6.15 피로강도와 노치 효과

(나) 이음 형상별 피로강도 비교

일반적으로 필릿 용접 이음에서는 내부에 불용착부가 존재하기 때문에 불용착부와 직각 방향으로 인장하중을 받을 경우 이음의 루트부에 큰 응력 집중이 일어나게 된다.

그러므로 이와 같은 방향으로 반복하중을 받는 필릿 용접 이음을 하고자 할 때에는 원칙적으로 용접 이음부를 완전 용입이 되도록 해야 한다. 즉, 일반적으로는 필릿 용접 이음보다 용접 홈을 만들어 완전 용입이 되도록 해야 된다.

그림 6.16은 연강 용접 이음의 피로강도(반복 횟수 – 응력 진폭) 곡선을 모형화한 것으로, 필릿 이음이 피로강도(응력 진폭)가 낮으며 평탄한 형상이 높게 나타났음을 알 수 있다.

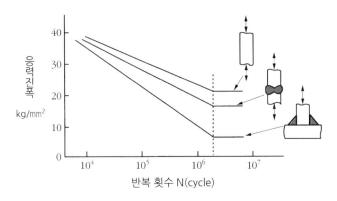

그림 6.16 용접 이음의 피로강도 비교

6. 각종 용접법과 피로강도

(1) 맞대기 용접 이음

맞대기 용접 이음의 피로강도는 덧붙이의 크기와 뒷면 용접 유무, 용접 결함의 존재 등에 따라서 크게 영향을 받는다. 뒷면 용접이 불충분하면 피로강도가 약 20~50% 저하하며, 뒷면 용접을 하지 않으면 더욱 심하게 된다.

피로강도는 하중을 목두께로 나눈 값(N/mm²)으로 표시한다.

(가) 표면 상태와 피로강도

열처리 등 각종 처리를 하지 않은 연강의 맞대기 용접 이음에 대하여 용접선에 직각 방향으로 외력이 가해질 때 피로강도 표준값을 나타낸 것으로 용접부 표면 절삭에 의한 효과가 뚜렷함을 알 수 있다.

표 6.1 맞대기 용접의 피로강도(연강)

종류 \ 구분 횟수(N)	편진(맥동) 응력(N/mm²)		양진(역전) 응력(N/mm²)	
	2×10^6	5×10^6	2×10^6	5×10^6
뒷면 용접 안 한 것	18.0	7.0	5.0	4.0
뒷면 용접 한 것	16.0	14.0	10.0	8.0
덧붙이를 기계 다듬질한 것	24.0	21.0	15.0	12.0

(나) 결함의 종류와 피로강도

맞대기 용접 이음에 결함의 종류와 용접부에 대한 반복하중의 방향에 따라 피로강도가 다르다. 따라서 반복하중이 용접 이음에 직각으로 작용할 경우와 평형으로 하중이 작용할 경우의 결함 허용 기준이 다르다.

그림 6.17은 연강의 맞대기 용접 이음의 결함도의 증가에 따라 피로강도, 충격강도 등이 급속하게 저하함을 나타낸 것이다.

용접 결함, 예를 들면 용입 불량이 있는 시험편을 용접선에 평행하게 인장할 때는 영향이 거의 없으나, 직각으로 당길 때에는 피로강도가 뚜렷하게 낮아진다. 이와 같이 용입 불량, 기공 등의 용접 결함의 존재는 피로강도에 매우 나쁜 영향을 미친다.

또한, Cr-Mo강에서의 맞대기 용접 이음의 경우 균열이 있으면 피로강도가 약 50% 떨어지고, 약 1 mm 깊이의 균열이 있으면 피로강도가 1/4 정도로 떨어지는 것이 실험으로 입증되고 있다.

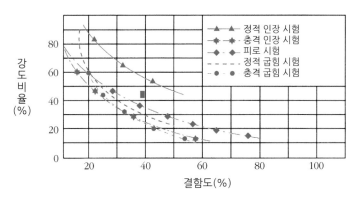

그림 6.17 결함도와 각종 강도 비율

(2) 겹치기 및 T 이음

겹치기 필릿 용접에서는 루트부에 응력이 집중되기 때문에 보통 맞대기 이음에 비하여 피로강도가 상당히 낮다. 광탄성 실험에 의하면 루트부나 용접 끝부분에서 응력 집중계수가 약 8에 달하는 높은 값이 된다.

전면 필릿 용접 이음의 경우는 오목형 필릿 표면으로 하여 끝단을 매끈하게 하는 것이 좋으며, 반복하중을 받는 강도상 중요한 이음에서는 겹치기 필릿 이음이나 단속 용접, 리브나 보강판을 부착하는 용접을 가능한 사용하지 않는 것이 좋다(표 6.2 참조).

표 6.2 필릿 용접의 피로강도(연강)

종류	구분	편진(맥동) 응력(N/mm²)		양진(역전) 응력(N/mm²)		파단 위치
	횟수(N)	2×10^6	5×10^6	2×10^6	5×10^6	
겹침 전면 필릿 용접	(a)	12	10	7	6	목두께 부분
전면 필릿 용접	(b)	8	–	–	–	용접 끝부터
겹침 측면 필릿 용접	(c)	11	19	6.5	5.5	목두께 부분
충분히 긴 측면 필릿 용접		7	–	–	–	받침쇠
병용 필릿 용접	(d)	7	–	4	–	목두께 부분

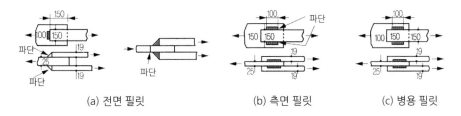

(a) 전면 필릿   (b) 측면 필릿   (c) 병용 필릿

T형 이음은 중요 부분에 쓰이는 경우가 많으나 피로강도를 증가시키기 위해서는 완전 용입의 이음 형식으로 하는 것이 좋으며, 불용착부를 남기지 말아야 한다.

또한 일반적으로 부식에 의한 피로강도 저하는 부식량 1 mm에 대하여 10% 정도이며, 부식량이 4 mm 정도가 되면 그 구조물은 상당히 노후된 상태로 교환해야 할 상황에 와 있다고 볼 수 있다.

7. 용접부의 피로강도 향상법

일반적으로 용접 구조물의 피로강도 향상을 위한 방법은 다음과 같다.

① 덧붙이 크기를 가능한 최소화시킬 것

② 이면 용접으로 완전 용입이 되도록 할 것

③ 용접 결함이 없는 완전 용입이 되도록 할 것

④ 열 또는 기계적 방법으로 잔류응력을 완화시킬 것

⑤ 가능한 응력 집중부에는 용접 이음부를 설계하지 말 것

⑥ 냉간 가공 또는 야금적 변태 등에 따라 기계적인 강도를 높일 것

⑦ 국부 항복점 등에 의하여 외력과 반대 방향 부호의 응력을 잔류시킬 것

⑧ 표면 가공 또는 표면 처리, 다듬질 등에 의한 단면이 급변하는 부분을 피할 것

8. 피로강도를 고려한 설계

피로 설계란 연성 파괴나 취성 파괴, 좌굴(buckling), 크리프(creep) 등이 생기지 않는 것을 전제 조건으로 피로 균열이 발생할 때까지나 피로 균열이 어느 한계 치수까지 전파하는 과정에서의 피로 이외의 양식으로 파괴가 생기지 않게 하는 것이다.

따라서 각종 용접 구조물의 피로 설계법은 각종 규격에서 기하학적인 불연속부가 없는 구조 부재의 외력에 의하여 생기는 1차 응력을 첫째로 제한하고 있다.

취성 파괴 방지를 위해 재료의 노치 인성에 대하여 제한을 설정하는데 좌굴에 관해서는 좌굴하중의 0.8배 이하로 제한(ASME Sec. III, Div.1)하고 또 크리프가 문제가 되는 온도 범위에서는 10만 시간 크리프 파단강도의 1/1.5~1/1.6배 또는 10만 시간에서 1%의 크리프 변형을 생기게 하는 응력은 허용응력(BS 1515)으로 하고 있다.

피로 설계의 본질은 구조 부재에서의 피로 파괴를 방지하는 데 목적이 있다.

피로 설계는 일반적으로 다음과 같이 2가지로 나누어 생각할 수 있다.

① 피로 균열 발생 방지 기준에 의한 피로 설계(safe life design)

② 피로 균열 전파 수명 기준에 의한 피로 설계(fail safe design)

  ※ 파괴 전 누수 설계(lack before break : LBB) − (safe life design)

    가) 원자력 발전설비 또는 액화천연가스 수송선박(LNG선박) 등에 이용

    나) 어떤 균열이 발생되어 내용물이 누출하면 곧 그것을 감지하여 대처할 수
        있도록 만든 설계 방법, 즉 사용 중 어떤 부분에 균열이 발생되어 누수가
        일어나도 균열이 급속도로 진행되지 않는 재료를 사용한다.

  ※ 페일 세이프 디자인(fail safe design)

    가) 항공기 등의 분야에 이용

    나) 여러 구조 요소 또는 많은 하중경로의 구조에서 하나의 요소(element) 또
        는 하나의 경로(course)가 파괴되어도 나머지가 안전한 설계 또는 균열의
        전파를 막을 수 있는 재료를 배치하여, 균열이 급속도로 전파되어 나가는
        것을 보완하기 위한 설계 방법

[2] 용접 이음의 크리프 강도

재료에 일정한 응력을 가할 때 시간 경과에 따른 재료의 변화를 크리프라 한다.
그림 6.18은 고온도에서 일정한 하중을 받는 금속의 변화량−시간의 관계를 나타낸
크리프 곡선이다. 이 크리프 곡선은 4단계로 구분할 수 있다.

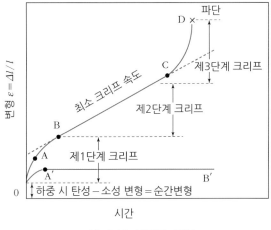

그림 6.18 크리프 곡선

① 초기 변형 단계 : 하중을 받는 순간에 생기는 변형

② 1차 크리프(천이크리프) 단계 : 변형속도가 시간의 변화에 따라 감소하는 과정

③ 2차 크리프(정상크리프 ; steady-state creep) 단계 : 변형속도가 일정한 과정

④ 3차 크리프 단계 : 변형속도가 점차 빨라져 파단에 이르는 과정

이 중에서 ②③④의 변형이 크리프 현상이다. 일정한 하중에서 실시한 크리프 시험에서는 위의 3개 과정을 나타내는 크리프 곡선이 얻어진다. 3차 크리프 과정은 미소한 균열 등으로 단면적의 감소가 급속하게 일어나기 때문이다. 고온도로 인한 재결정, 석출, 산화 등 재료에 실질적인 변화가 일어나면, 일정 응력의 크리프 시험 조건이라도 변형속도에 변화가 나타날 수밖에 없다.

금속의 크리프 성질은 금속의 화학조성, 조직, 제조방법, 열처리, 결정입도 등에 영향을 받는다. 또한, 이와 같은 각 인자들은 서로 독립적으로 영향을 미치는 것이 아닌 종합적으로 영향을 미친다. 용접구조물에서는 용접 이음의 형상, 치수, 용접변형, 용접부의 야금학적 변화 등을 추가되어 영향을 미친다.

[3] 용접 이음의 내식성

1. 용접부 조직과 부식

용접 구조물은 옥외에 노출, 부식성이 많은 물질 접촉, 용접열에 의한 모재의 내식 등으로 손상되고 있어 용접 후의 열처리가 필요하게 된다.

내식성이 좋은 재료는 18-8 Cr-Ni계 스테인리스강, 듀랄루민계의 Al합금이다.

용접 이음의 내식성에 영향을 미치는 인자는 이음 형상, 플럭스, 잔류응력, 사용재료 등이 있다.

2. 용접부 내식성에 미치는 인자

(1) 이음 형상과 부식

용접 구조물 중 부식이 일어나기 쉬운 구조가 있다. 예를 들면 겹치기 이음의 경우 두 판의 부재 사이에 습기가 스며들어 부식이 촉진될 수 있으며, 이것은 겹쳐진 모재 사이의 표면과 수분 사이에 생기는 전해 작용에 의하여 일어나는 것으로 생각할 수 있다. 아울러, 부식 방지를 위해 구조상에 있어서도 이음 형상 개량하여 액체가 한 곳에 모이거나 정체되지 않게 설계하는 것이 중요하다.

표 6.3 전면 부식과 국부 부식의 종류

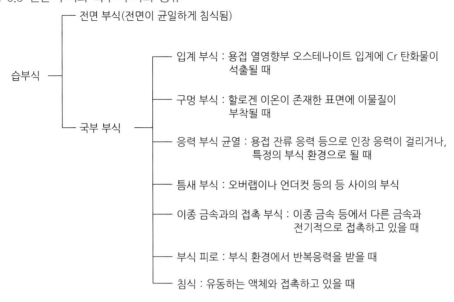

그림 6.19 부식방지를 위한 구조

(2) 플럭스(flux)

알루미늄 합금, 마그네슘 합금, 스테인리스강 등의 납땜이나 용접 등에서 사용하는 플럭스를 완전 제거하지 않은 경우 부식의 원인이 된다. 그러므로 플럭스를 사용한 용접에는 용접 후의 잔류 플럭스가 제거되도록 이음 형상을 선정해야 하며 용접 직후 플럭스를 완전히 제거할 필요가 있다.

(3) 잔류응력

용접한 후에 잔류응력이 존재하면 응력 부식을 일으킬 경우가 있다. 응력 부식은 어떤 재료가 응력을 받는 상태에서 특정 매개물에 노출되면 국부적인 부식이 진행되어 구조물이 파괴될 수 있는 것이다.

예를 들어, Al-Mg 합금에서는 Mg 5.5 이상의 경우나 오스테나이트계 스테인리스강에서도 응력 부식이 일어나기 쉽다. 따라서 용접 후의 잔류응력을 제거해야 한다.

일반적으로 부식은 그 형태에 의하여 전면 부식과 국부 부식으로 분류한다.
그림 6.20은 부식의 모양을 그림으로 나타내고 있다.

노출된 표현 (음영 부분은 부식되지 않은 것임)	부식의 양상	노출된 표면에 직각인 단면
	(a) 평활한 전면 부식	
	(b) 요철이 많은 전면 부식	
	(c) 평활한 국부 부식	
	(d) 요철이 많은 국부 부식	
	(e) 큰 핀트	
	(f) 중간 정도의 핀트	
	(g) 가는 핀트	
	(h) 균열	

그림 6.20 부식의 모양

[4] 용접 이음의 충격 강도

1. 충격 시험에 미치는 조건과 특성

(1) 충격 강도에 미치는 조건

용접 이음에서 노치 충격 저항은 용착 금속, 열영향부(HAZ), 모재의 저항력의 합성에 의하여 결정되며, 노치를 만드는 위치에 따라서 달라진다. 용접 이음에서 취성 파괴에 영향을 미치는 인자로서는 재료의 파괴 인성, 용접 열영향부의 변질, 구조상 응력 집중, 잔류응력, 사용 온도, 하중 속도, 피로강도, 용접부 표면 형상, 용접 결함의 존재 등이다.

특히 용접 결함 중에서 X선 검사로도 검출되지 않는 라미네이션 등 미세 균열, 슬래그 섞임, 용입 부족, 기공, 언더컷 등의 결함이 노치로 작용하여 취성 파괴가 발생할 가능성이 크다.

(2) 취성 파괴의 일반적 특성

① 온도가 낮을수록 취성 파괴가 발생하기 쉽다.

② 거시적 파단 상황은 판 표면에 수직이며 연성이 적은 상태에서 일어난다.

③ 항복점 이하의 평균 응력에서도 발생한다.

이것을 저응력 파괴라 하며, 그 전파 속도는 약 2,000 m/sec에 달한다.

④ 파괴의 기점은 응력과 변형이 집중하는 구조적, 형상적 불연속부나 국부적 재질 열화가 존재하는 부분에서 발생하기 쉽다.

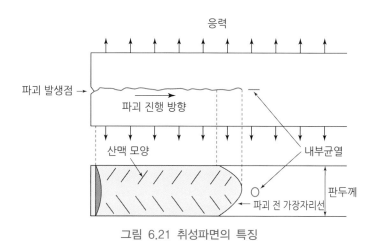

그림 6.21 취성파면의 특징

2. 취성 파괴에 대한 주의 사항

용접 이음이나 구조물의 온도가 천이온도(transition temperature)라 불리는 특정 온도보다 낮은 경우에는 취성 파괴가 되지만, 온도가 천이온도보다 높으면 연성 파괴가 된다. 온도가 높아져서 크리프가 생기는 온도가 되면 크리프 파괴가 된다.

취성 파괴는 저온에서 발생되기 쉬우며, 발생된 균열의 전파속도 최대값은 그 재질 내를 전파하는 음속의 40% 정도로 빠르게 전파된다.

취성 파괴는 제2차 세계대전 시에 용접 구조선에서 많이 발생한 후 중요한 과제로 취급되고 있다. 취성 파괴로 발생된 균열의 전파 속도 최대값은 그 재질 내를 전파하는 음속의 약 40% 정도가 된다고 한다.

최근 구조물의 대형화, 후판화 및 최소 설계 등에 의한 부재 응력이 높아져 잔류응력 등에 의한 취성 파괴 발생이 증가하므로 돌출부 등을 충분히 고려할 필요가 있다. 또한 취성 파괴에 영향을 미치는 인자에 주의해야 한다.

(1) 사용 조건(온도)의 영향

취성 파괴는 저온에서 발생하기 쉬우므로 기기의 최저 사용 온도가 어느 정도인지,

시험 중, 수송 중, 건설 중의 온도 및 설계 조건 이외에 과도한 상태 등의 온도 조건에 대하여도 검토를 요한다.

(2) 설계 하중 형식

• 충격하중

정적하중을 받는 쪽보다도 충격하중을 받는 쪽이 취성 파괴의 발생에 나쁜 영향을 주므로 충격하중에 대하여는 특히 주의할 필요가 있다. 따라서 충격하중을 받아 취성 파괴가 될 위험성이 있는 부분(예를 들면 용접부의 노치 등)에 대해서는 취성 파괴 정지 특성에서 설계 검토하여 놓는 것이 안전하다.

• 반복하중과 돌발하중

반복하중에 의해 발생하는 피로균열은 균열 선단이 예리하여 취성 파괴 발생의 시작점이 될 위험성이 크므로 피로 파괴(fatigue failure)가 일어나지 않게 피로에 대한 고려를 한다.

또한 지진 등과 같이 천재지변이 발생했을 때 구조물, 탱크 등의 지지 반력의 불균형에서 오는 파괴나, 화학 기기 등에서 급격한 폭발 운동과 같은 과도한 상태에서 발생하는 하중에 대한 경우도 검토를 해야 한다.

3. 구조에 대한 영향

(1) 부재 배치 상태

구조물은 많은 부재를 조합시켜서 구성된 것이므로 부재의 결합부에는 큰 국부응력이 생긴다. 이와 같은 국부응력(local stress)이 높은 부분에 예리한 노치 및 용접 결함 등이 존재하면 응력 집중을 초래하게 되어 취성 파괴 발생의 원인이 되는 경우가 많다. 이음부에서의 2차적인 구멍, 홈, 돌기, 용접부 등의 단면 변화가 있는 부분에서는 응력집중 때문에 피로 등의 예리한 노치가 되기 쉬워 취성 파괴 할 가능성이 크므로 응력집중을 가능한 작게 하고, 또한 재질적으로 약화되기 쉬운 용접부에는 큰 응력이 걸리지 않게 하는 것이 바람직하다.

(2) 바람직한 이형재의 용접구조

그림 6.22는 이형 용접 이음 구조를 나타낸 것이다. 테이퍼 끝 부분에 응력 집중이 생기므로 이것을 작게 하기 위해서는 두께 차를 3∼5 이상으로 하여 테이퍼의 경사를 완만하게 하고, 양 판의 판두께 중심의 엇갈림(α)을 작게 하는 것이 좋다. 단면이 급변하는 부분에는 용접부를 두지 말고, 용접 토(toe)부는 평탄하게 다듬질하

는 것이 중요하다. 그림 6.22(b)가 제일 나쁜 이음이고, 그림 6.22(c)가 좋은 이음 구조가 된다.

실제 실무에서 쓰이는 구배에 대한 규격의 길이 : 높이는 AWS(미국용접학회)나 일본건축학회, 한국건축공사 표준시방서에서는 2.5 : 1, ASME(미국기계공학협회)에서는 3 : 1, 한국도로공사 표준시방서에서는 5 : 1로 쓰이고 있다.

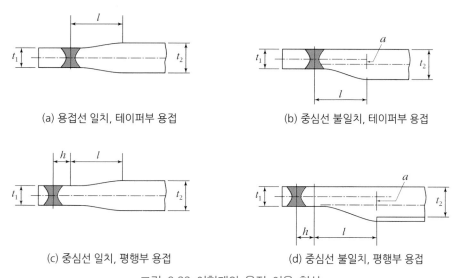

(a) 용접선 일치, 테이퍼부 용접   (b) 중심선 불일치, 테이퍼부 용접

(c) 중심선 일치, 평행부 용접   (d) 중심선 불일치, 평행부 용접

그림 6.22 이형재의 용접 이음 형상

4. 취성 파괴와 설계 응력

그림 6.23은 용접 구조물의 취성 파괴 특성을 나타낸 것으로 부하응력과 시험 온도에 의하여 표시한 것이다. 그림에서 A곡선은 취성 균열 구역이며, B곡선은 정지 구역으로 균열이 전파되지 않는 곳이라고 생각하여 이 구역에서 용접 설계를 한다. 여기서 A, B 양 곡선은 2중 인장 시험으로서 균열 정지 길이를 각각 10 mm와 100 mm로

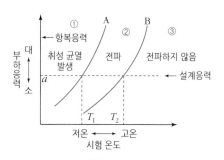

그림 6.23 취성 파괴와 설계 응력

하여 계산한 것이다. 또한 이 그림을 통해서 어떤 용접 구조물의 설계응력에 대한 사용 온도 T_1을 구할 수 있다.

5. 서브머지드 아크 용접과 수용접의 충격치 비교

그림 6.24는 판두께 20 mm의 Mn-Si계 고장력강에 대한 대형 샤르피 충격 시험을 0 [℃]에서 행했을 때의 충격치 분포도를 나타낸 것이다. 이에 의하면 서브머지드 아크 용접부의 충격치가 저수소계 용접봉을 사용한 수용접에 비하여 충격치가 높게 나타나고 있다. 그것은 서브머지드 아크 용접의 경우는 열영향부에 해당되는 부근에서는 모재 속에서 불림 열처리 효과가 나타나기 때문인 것으로 알려져 있다.

서브머지드 아크 용접부와 수용접부 어느 것이나 용접부 중심(A)에서 10~12 mm 정도 떨어진 곳의 충격치가 급속도로 낮아졌는데, 이것은 용접 중에 500~600℃ 정도로 가열되면서 발생한 변형 시효에 의한 취화 때문이다. 그러나 실제 용접 구조물의 경우에는 노치가 없는 모재 부분인 관계로 취성 균열이 발생되는 예는 없다.

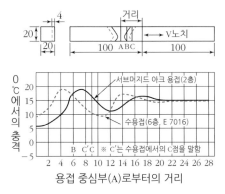

그림 6.24 고장력강 V샤르피 충격분포

6-4. 용착 금속의 기계적 성질

학습 목표	• 용착 금속의 기계적 성질에 대하여 알 수 있도록 한다.

[1] 용착 금속의 기계적 성질

용접 설계에 영향을 주는 이음 강도나 경도, 내마모성 등 기계적 성질과 내식성, 구조물의 수명에 직접적인 영향을 미치는 모재와 용착 금속의 재질, 이음의 기하학적 형상과 용접 결함의 유무, 용접 후처리, 기계적 처리 등을 검토해야 된다.

일반적으로 연강이나 용접성이 좋은 구조용강의 열영향부는 모재보다 기계적 성질이 다소 나쁘지만 실제 용접 이음의 이음 강도에는 큰 영향을 미치지 않는다. 그러나 고탄소강, 주철, 특수강, 비철 금속 등은 열영향부의 기계적 성질이 모재보다 낮으며 이음 강도도 저하되고 있다.

1. 저온에서의 기계적 성질

(1) 노치가 없는 경우

금속의 기계적 성질은 온도의 높낮이와 시험편의 노치 유무에 따라 달라진다. 연강의 경우 온도가 낮아질수록 항복점과 인장강도는 증가하는데 변형도와 수축은 급격히 저하한다. 또한 연강의 연신율은 실온에서 약 35% 정도이며, $-100℃$까지 거의 변화가 없다. 그러나 $-160 \sim -170℃$부터 급격하게 연성이 떨어져 $-180℃$ 액체 산소에서의 연신율은 약 10% 이하로 된다. 이러한 현상은 용착 금속도 마찬가지이다.

그러나 저온 강재는 저온 특성을 갖고 있어서 저온이 될수록 피로강도가 증가한다.

(2) 노치가 있는 경우

재료에 노치가 있는 경우 0℃ 부근에서도 인성이 상당히 저하한다. 이 때문에 인성이 좋은 용접봉을 사용하는 것이 좋으며, 노치부가 생기지 않도록 시공해야 한다. 특히 액화 석유 가스(LPG)나 액화 천연가스(LNG) 등의 저장용 또는 수송용 용기는 저온에서 사용되므로 용기의 사용재료는 저온에서 충분한 인성(toughness)이 있는 것을 사용해야 하며, 시공을 함에 있어서도 각별히 주의해야 한다. 저온 조건에 쓰이는 재료는 알루미늄 킬드강, 2.5%, 3.5%, 9% 니켈강 및 오스테나이트계 스테인리스강 등이 사용된다.

2. 상온에서의 기계적 성질

상온에서 용착 금속의 기계적 성질은 일반적으로 모재와 거의 같으며, KS 규격 제품의 연강용 용접봉을 사용하여 결함이 없는 용접을 하면 용접부의 강도가 모재의 강도 이상으로 되는 것이 일반적이다. 또한, 연강 용착 금속의 영률, 푸아송의 비(Poisson's ratio), 비중, 팽창계수 등도 모재와 거의 같다.

그러나 용착 금속의 연신율과 충격치는 용접봉의 종류에 따라 큰 차이가 있으며, 피복 아크 용접의 경우는 피복제의 종류에 따라 차이가 크다.

피복 아크 용접봉 중에서 고산화티탄계(E 4313)는 다른 용접봉에 비하여 연신율이나 충격치가 낮으므로 큰 하중을 받는 강도상 중요한 이음에는 사용하지 않는 것이 좋다.

셀룰로스계(E 4311)는 용착 금속의 성질은 양호하나, 아크 분위기에 수소를 다량 함유하고 있는 반면, 저수소계(E 4316)는 연성(ductiliy)과 인성(toughness)이 우수하므로 큰 하중이 작용하는 중요한 이음에 사용되며, 습기에 민감하므로 사용 전에 약 300~350℃에서 1시간 정도 건조해야 하고, 작업성도 약간 나빠 용접 결함이 발생하기 쉽다.

일미나이트계(E 4301)는 저수소계와 가스 실드계의 거의 중간 정도의 성질을 가지고 있으며, 아래보기 및 수평 필릿 용접용에는 기계적 성질이 양호한 철분산화철계(E 4327)의 용접봉이 유리하여 기계를 만드는 부분에 쓰인다. 연강용 피복 아크 용접봉의 종류 및 각각의 특징이 KS에 규정되어 있다.

3. 고온에서의 기계적 성질

(1) 고온 특성

고온, 고압용품에 필요한 고온 특성에는 단시간 인장 시험의 강도와 변형률, 장시간 하중에 대한 크리프 특성, 내산화성 및 내식성, 장시간 가열에 대한 현미경 조직상의 안정성, 내열 응력 특성(열충격과 열피로) 등이 있다.

고온에서의 허용응력(allowable stress)은 그 온도에서 기계적 성질에 기준을 두어 결정하며, 저온용 구조물은 실온에서의 강도를 기준으로 하여 설계를 하는 것이 관례로 되어 있다.

(2) 크리프 강도

고온에서의 크리프 강도는 연강 및 저합금강의 용착 금속에는 용접 결함이 없는 한 모재에 못지않게 양호하다. 대체로 용접물의 사용 온도 약 400℃까지는 크리프 강도를 단시간의 인장강도 기준으로 하고 적당한 안전율을 곱하여 허용응력을 결정하여 사용하고 있다.

(3) 청열 취성과 용접성

그림 6.25는 고온에서의 일반 구조용 압연강재(SB 41)와 연강 용착 금속의 인장 강도와 연신율의 비교를 나타낸 것으로, 400℃ 이상에서 인장강도가 급격히 감소한다. 200~300℃에서 인장강도는 최대가 되며, 연신율은 최소(약 1/2)가 되고, 충격값도 가장 적게 되는데, 이 범위를 청열 취성(blue shortness)의 범위라고 한다.

이 때문에 그림 6.26과 같이 두께 10~15 mm 연강판의 필릿 용접의 언더컷 부분이 반대측 필릿 용접에 의하여 모재에 균열이 생기는 경우가 있다. 이것을 방지하기 위해서는 필릿 용접 끝 부분에서의 응력 집중(stress concentration)을 감소시켜야 하는데, 비드 표면과 용접 끝을 매끈하게 다듬질한 후 반대쪽 필릿을 용접하면 방지할 수 있다.

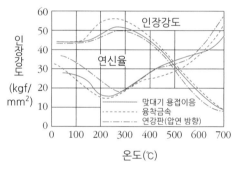

그림 6.25 용착 금속의 고온 기계적 성질(연강)

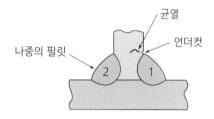

언더컷이 발생한 반대편을 필릿 용접 시 언더컷 부분의 균열 발생의 예

그림 6.26 필릿 용접 언더컷 모재 균열

[2] 용접 이음의 정적(연성 파괴)강도

일반적으로 용접 이음의 정적강도는 용접 금속, 열영향부(변질부) 및 모재의 기계적 성질 외에 힘의 흐름과 응력 집중, 응력의 종류와 성질, 용접 이음의 종류와 형상, 치수 등에 따라 달라진다.

용접 금속 열영향부의 기계적 성질은 용접법, 용접 재료, 용접 시공법 등의 조건에 따라 크게 변화하므로 용접 이음의 설계 시공에 있어서는 이러한 용접 조건을 충분히 고려해야 할 필요가 있다.

일반적으로 전단강도는 인장강도에 비하여 1/2 정도 낮게 작용하므로 용접부의 전단응력이 적게 되는 용접 이음을 이용하는 것도 고려할 필요가 있다.

용접 시공에 있어서 부재 맞춤의 정밀도가 맞지 않아 불건전한 용접부가 형성될 수 있으며, 용접 변형 또한 강도에 나쁜 영향을 미치므로 주의를 요한다. 용접 시공이 곤란해지면 용접 결함이 있는 용접부가 되므로 이와 같은 것은 설계 단계에서 충분히 고려할 필요가 있다.

1. 힘의 흐름과 응력 집중

용접부의 응력 집중은 힘의 흐름의 변화에 기초를 두는 것과 힘의 흐름이 혼란한 것에 기초를 두는 것으로 나뉜다. 여기서 힘의 흐름의 변화에 기초를 둔 응력 집중은 구조적 응력 집중이라고 하며, 연성 파괴 강도를 지배하는 주요 인자의 하나이기 때문에 용접 이음의 종류에 의해 그 연성 파괴 강도는 다르다.

또한 힘의 흐름에 혼란을 일으키게 하는 응력 집중은 용접지단부나 미세한 용접 결함부에 국부적인 응력 증가를 가져오므로 국부적 응력 집중이라고 불리는 것이다. 일반적으로 국부적인 응력 집중은 파괴 과정의 소성 변형에 의해 변형 도중에서 응력 집중이 해소된다. 따라서 연성 파괴 강도는 국부적 응력 집중의 영향을 받지 않는다고 생각해도 좋다.

맞대기 이음보다 고응력 집중을 가지는 필릿 이음의 연성 파괴 강도는 일반적으로 저하한다. 상기의 일반론에 대해 파괴가 미소 변형밖에 허용할 수 없는 경우, 예를 들면 일부의 고강도강의 경우, 또는 피로 파괴나 취성 파괴의 경우에 있어서는 국부적 응력 집중이 강도를 지배하는 중요 인자가 된다.

2. 맞대기 용접 이음

(1) 용접선 방향으로 하중을 받는 경우

탄소강이나 저합금강 이음에서 용접선 방향에 하중이 걸리면 각 부분은 거의 일정한 연신이 생기며, 일반적으로 연성이 최고 낮은 열영향 경화부에서 최초의 균열이 발생한다. 이와 같은 현상은 맞대기 이음부를 용접선 방향으로 굽힘시켜 보면 알 수 있다. 따라서 용접 이음부의 연신율은 모재의 연신율에 비하여 약하다.

맞대기 용접 이음부를 인장 시험했을 경우 그림 6.27과 같이 용착 금속 이외의 모재 부분에서 갈라지게 되는데, 이것은 현재의 용착 금속의 연강 용접봉이 모재보다 기

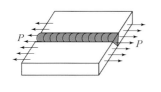
(a) 용접선 방향 하중 적용

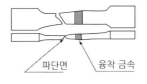
(b) 인장 시험 후의 파단 상태

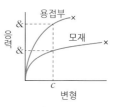
(c) 응력과 변형 선도

그림 6.27 맞대기 용접 정적 강도

계적 성질이 약간 높게 만들어지기 때문이다.

(2) 용접선에 직각 방향으로 하중을 받는 경우

연강 용접 이음에서 용착 금속의 강도는 모재보다 높으므로 일반적인 파단은 모재 부분에서 일어난다. 즉, 이음의 강도는 모재와 같거나 그 이상이 된다. 예를 들면, 용접선에 직각 방향으로 하중이 걸리면 표면 덧붙임을 제외한 각 부분에는 일정한 크기의 응력(stress)이 발생하며, 강도가 최고 약한 부분이 소성 변형을 일으켜 파단한다.

맞대기 이음의 연성강도는 이음 인장강도와 모재의 인장강도와의 비에 의하여 다음 식의 이음 효율로서 표현한다.

$$용접\ 이음의\ 효율 = \frac{이음의\ 강도}{모재의\ 강도} \times 100(\%)$$

구조용 강의 용접 이음에서는 용접 금속 및 열영향부의 강도는 모재보다도 높아 파단은 통상 모재부에서 생기고, 연성강도는 모재의 강도와 동등하거나 그 이상이라고 생각되며, 이음 효율을 100%로 간주할 수 있다.

(3) 맞대기 용접 이음의 응력 집중 현상

맞대기 용접 이음에서 표면 형상이 약간 급격하게 변화는 부분에 가로 방향의 인장 응력을 가하면 용접 끝부분에 응력 집중이 생긴다. 그림 6.28은 맞대기 용접부를 광탄성 실험에 의하여 조사한 하나의 예를 나타낸 것으로, 급격히 변하는 부분의 경계부에서 1.8 정도의 응력 집중계수가 나타남을 알 수 있다.

이 응력 집중은 용접 끝 부근에 부분적으로 일어날 뿐이며, 이음에 소성 변형이 생기면 이 응력 집중이 낮아지므로 이음의 가로 방향 인장 시험에서는 용접 끝부터 파단이 일어나는 경우는 드물어, 용접 끝의 응력 집중은 이음의 정적강도에 영향을 미치지 않는 것으로 생각해도 된다. 그러나 피로강도에는 크게 영향을 미치며 이음부에 반복하여 열응력(thermal stress)이 가해지는 경우에는 나쁘게 된다.

맞대기 용접에서 보강 덧붙이부는 일반적으로 이음 효율을 결정하는 데는 영향이

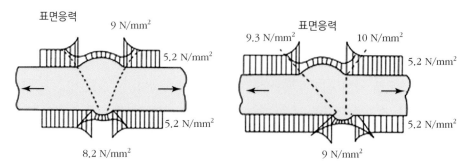

그림 6.28 맞대기 용접응력 집중

미치지 않고 피로강도를 감소시키는 경향이 있으므로 필요 이상 높게 쌓을 필요가 없다. (판두께의 1/10 또는 1.6 mm 이하로 한다.)

(4) 맞대기 이음부의 형상과 엔드 탭

그림과 같이 이론 목두께(theoretical throat)의 목단면적이 하중을 지지하는 것으로 가정하는 것이 보통이다. 완전 용입 맞대기 이음의 최대 인장하중 P와 발생하는 인장응력 σ와의 관계는 다음과 같다.

$$P = \sigma \cdot h \cdot l = \sigma \cdot t \cdot l \quad \sigma = \frac{P}{tl}$$

t : 판두께 [mm],　h_1 : 목두께 [mm]

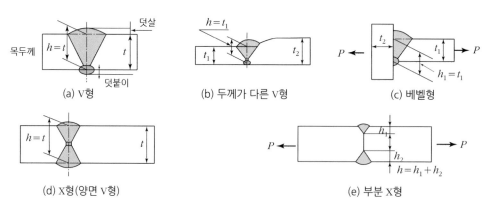

그림 6.29 맞대기 용접부 형상

그리고 표 6.4와 같이 맞대기 용접 이음에서의 완전 용입은 정적강도, 피로강도 및 충격강도가 높게 된다. 그러나 부분 용입은 용접 중앙 부분 또는 표면 부분에 있을 불용착부는 노치 효과가 되어 응력선이 조밀하게 되어 응력 집중 현상이 일어나므로 강도가 떨어지게 된다.

맞대기 용접 이음에서의 처음과 끝 부분, 즉 시작점(시점)과 크레이터 부분에서는 비드가 급랭하여 결함을 가져오기 쉬우므로 강도상 중요한 이음에는 이음의 양단에 엔드 탭(연강판)을 붙여 용접이 끝난 후 떼어내는 일이 많다. 이 엔드 탭은 모재와 같은 재질 및 두께로서 모재와 같은 홈을 만든 것을 이용하는 데 다음과 같이 만든다.

① 피복 아크 용접에서는 길이를 약 30 mm 정도로 한다.

② 서브머지드 아크 용접에서는 길이를 약 100 mm 정도로 한다.

③ 압력 용기 등 중요한 이음에는 300~500 mm 정도로 크게 한다.

표 6.4 맞대기 이음 모양에 따른 응력 분포

맞대기 용접 이음				
응력 양식				
정적강도	160%	85%	70%	60%
피로 저항	100%	35%	15%	10%
충격강도	100%	80%	65%	40%

3. 필릿 용접 이음

(1) 전면 필릿 이음

• 다리길이와 목두께

전면 필릿 용접이란 용접선의 방향이 하중의 방향과 거의 직각인 필릿 용접을 말하며, 필릿 용접 이음의 강도는 측면 목두께를 기준으로 하여 필릿 용접의 가로 단면 내에서 이에 내접하는 2등변 3각형을 생각하여(약간의 용입은 무시) 이음의 루트 부분(두 변의 교점)으로부터 빗변까지의 최단 거리를 이론 목두께라 한다.

또한, 용입을 고려한 용접의 루트 부분(용접 금속의 루트부와 모재 표면의 교점)으로부터 필릿 용접의 표면까지의 최단 거리를 실제 목두께(actual throat)라고 한다.

그리고 용접 설계에서는 필릿 치수(다리길이)를 지정하여 용접하므로 설계의 응력 계산에는 주로 이론 목두께가 쓰이며, 단순히 목두께가 표시되며, 강도 면에서 주응력들이 최대가 되는 면을 따라서 파괴가 일어난다는 제닝(Jenning)의 식을 응용하여 필릿 용접부의 위험 단면을 결정하고 있다.

$$\sigma_t = \frac{P}{h_t \cdot l} \text{에서 } (h_t = 0.707\,h \text{이므로}) = \frac{1.414P}{h^t \cdot l}$$

여기서 연강용 E43급 피복 아크 용접봉으로 필릿 용접을 시공한 경우 필릿의 크기나 용접봉, 사용 조건에 따라서 차이가 있으나, 전용착 금속의 인장강도를 $\sigma_w = 440$ [MPa] 정도로 인정했을 경우 겹치기 이음과 덮개판 이음에서 전면 필릿 용접의 인장강도는 이론 목두께를 강도 계산상의 유효길이로 하면 목단면적에 작용하는 평균응력은 $\sigma_{av} = 0.9 \times \sigma_w = 390$ [MPa]로 계산한다. 그러나 필릿의 크기, 용접봉 사용 조건의 차이가 있으므로 응력의 범위를 343~490 [MPa]로 한다. T형 전면 필릿 용접의 인장강도의 평균 인장응력은 약 343 [MPa]이며, 응력의 범위를 313~412 [MPa]로 하고 있다.

일반적으로 필릿의 다리길이가 증가하면 걸리는 필릿의 인장강도가 감소하고, 다리길이가 3 mm에서 9 mm로 증가하면 인장강도가 약 12.5% 낮아지며, 특히 다리길이가 19 mm 이상이 되면 인장강도가 현저하게 감소하게 된다. 그림 6.30, 표 6.5는 미국 AISC(미국철강건설협회)에서 규정한 전면 필릿 용접 이음의 다리길이 최소값을 나타낸 것이다.

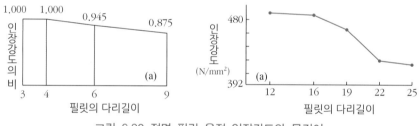

그림 6.30 전면 필릿 용접 인장강도와 목길이

표 6.5 미국 AISC에서 규정한 전면 필릿 용접 이음의 다리길이 최소값

판 두께(mm)	최소 다리길이(mm)	판 두께(mm)	최소 다리길이(mm)
6.4	3.2	38.1~57.2	9.5
6.4~12.7	4.8	57.2~152.4	12.7
12.7~19	6.4	152.4 이상	16.0
19~38.1	8.0		

• 응력 분포

 필릿 용접에서는 형상이 일정치 않고 미용착부가 있기 때문에 응력 분포 상태도 복잡하다. 응력 분포 상태의 조사 방법에는 광탄성 실험이나 스트레인법(strain method)을 이용하고 있으며, 주응력 방향의 어느 위치에서 일어나는가를 조사한다.

 전면 필릿 용접에 탄성응력이 걸릴 경우의 주응력선은 매우 복잡한 분포를 나타낸다.

 실험에 의하면 그림 6.31(a)에서와 같이 용접 루트부(a점)의 응력 집중 계수가 가장 커서 6~7 정도이고, 용접 끝(b점)에서는 2.3~4.7 정도로 응력 집중이 대단히 크게 되며, T형 필릿의 루트부에서의 응력 집중은 더욱 크게 된다. 따라서 용접 이음부를 계속 인장하게 되면 용접 비드 끝에서는 각도가 둔해져서 응력 집중이 감소하나 루트 부분에서는 응력 집중이 완화되지 않으며 소성 변형을 받게 되므로 실제로 파단은 루트부터 일어나기 쉽게 된다.

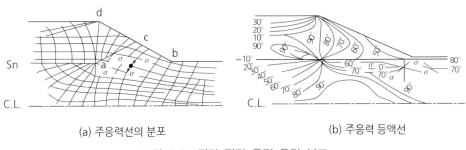

(a) 주응력선의 분포   (b) 주응력 등액선

그림 6.31 전면 필릿 용접 응력 분포

표 6.6 T형 필릿 이음 모양에 따른 응력 분포

T형 홈 이용 및 플릿 이음			
응력 양식			
정적강도	100%	80%	30%
피로 저항	40%	25%	10%
충격강도	85%	75%	10%

 여기서 응력 집중계수(형상계수) α는 $\dfrac{\sigma_{\max}}{\sigma_{av}} = \dfrac{\text{최대응력}}{\text{평균응력}}$

가 되며 응력 집중률이 커지면 평균응력 σ_{av}이 낮아도 국부응력이 높아지기 때문에 용접 구조물에서 위험하게 되므로 응력이 집중되지 않게 해야 한다.

용접부의 표면 파형이나 언더컷 및 용입 부족 등도 용접부의 노치 효과로 나타나 응력이 집중되며, 이로 인해 정적 강도나 충격 강도 및 피로강도를 저하시키게 되므로 이를 방지하기 위한 대책이 필요하다. (표 6.5 참조)

• 필릿 용접 이음의 본드 파단

일반적인 필릿 용접의 파단은 그림 6.32(a)와 같이 용접 루트에서 시작하여 필릿 내를 60~70℃ 각도로 파단되는 것이 보통이나, 필릿 용접부의 용입 부족이나 아래 판에 층상 편석이 존재하는 경우 그림 6.32(b)와 같이 필릿 전체가 모재와의 경계면에서 보드 파단(필릿 용접의 박리)이 되는 경우도 있어 T형 필릿 용접이 많이 쓰이는 기계의 용접이나 철구조물에서 중요한 문제가 된다.

이러한 본드 파단 방지법으로는 층상 편석이 없는 모재를 사용하거나 필릿의 경계면에 깊은 용입의 홈 형상을 만들거나 시공 방법을 연구해야 한다.

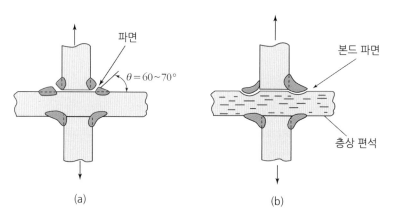

(a)　　　　　　　　　　　　(b)

그림 6.32 필릿 용접부 파단

(2) 측면 필릿 이음

• 파단강도

측면 필릿 용접 이음의 파단 전단강도(shear strength)는 하중이 용접부에 균등하게 작용한다고 볼 때 계산식은 다음과 같다.

$$\tau = \frac{P}{h_1 \cdot l} \text{에서 } (h_1 = 0.707 h \text{이므로})$$

$$= \frac{1.414 P}{h_1 \cdot l}$$

여기서, h_1 : 이론 목두께, l : 용접길이, P : 용접길이 l에 가해지는 최대 하중 일반적으로 측면 필릿 용접 이음의 전단응력 τ는 전면 필릿의 인장강도 σ_t보다 약 10% 정도 약하다. 보통 사용하고 있는 E43 계통의 용접봉(용착 금속의 인장강도 420 [MPa]에 의한 측면 필릿 용접 이음의 전단응력은 목단면적에 대하여 약 70%의 인장강도, 즉 $\tau = 0.707 \times \sigma_w = 0.707 \times 440 = 311$ [MPa]로 약 274~372 [MPa] 범위에 있다. 측면 필릿의 전단강도는 목단면적에 의하여 결정되며 용접길이에는 거의 관계가 없다.

더욱 큰 인장력을 작용하면 그 부분이 최초로 항복하여 소성 변형이 일어나고 다시 하중이 증가하면 용접선 전 길이에 걸쳐 항복이 진행해서 응력 분포가 거의 균일하게 되어 마침내 파괴가 되는 것으로 파단의 전단강도는 용접길이에 거의 관계가 없으며, 또한 연강의 측면 필릿 용접 이음에서의 전단강도도 다리길이가 길어지면 감소한다.

• 응력 분포

양쪽 덮개판 측면 필릿 이음의 용접부와 덮개판에 대하여 전단응력 분포를 조사한 실험 결과, 덮개판 이음에서 가장 자리로 나갈수록 인장응력이 커지며, 용접 길이가 길수록 양단 용접부의 최대 전단응력과 용접 중앙부의 최소 전단응력의 비는 크다. 그리고 용접부 양단의 최대 전단응력은 용접길이가 어느 정도 이상 증가하여도 거의 감소하지 않는다.

파괴할 때의 하중이 용접부에 균등하게 작용한다고 보면 측면 필릿 용접 이음에서의 파괴는 용접의 끝부분에서 생기며 대부분 목단면을 따라 파괴된다.

(3) 병용 필릿 용접 이음

• 병용 필릿 이음의 강도

병용 필릿 용접 이음이란 전면 필릿 이음과 측면 필릿 이음을 같이 사용한 이음을 말하며, 이 이음의 강도는 양 필릿 용접 이음이 전단하는 하중의 비율이 문제로서 전면 필릿 용접 및 측면 필릿 용접만의 강도(최대 전단하중)의 합으로는 되지 않는다.

이것은 측면 필릿 용접보다 전면 필릿 용접이 강도와 강성이 큰 반면, 측면 필릿 용접은 강도가 작고 파괴까지의 변형량이 커서 하중 분담의 특성이 다르기 때문이다.

• 필릿 방향과 크기에 따른 강도 비교

① 그림 6.33(a)의 경우과 같이 측면 필릿 용접 W_2가 응력 집중이 적으므로

하중 방향에 대하여 가늘고 길게 하는 병용 필릿 용접 이음이 좋다.

② 그림 6.33(b)의 경우는 측면 필릿 W_2에 생기는 변형은 필릿 W_3의 큰 강성에 의해 크게 제한되며, 필릿 W_1에는 하중이 거의 걸리지 않고 필릿 W_3에만 응력이 집중되어 위험하게 된다.

③ 그림 6.33(c)의 홈 용접의 경우에도 마찬가지로 응력이 웨이브 부분에 집중된다.

실험에 의하면 병용 필릿 용접 이음의 전단강도는 전면과 측면의 중간적인 값이며, 용접부 항복응력은 오히려 측면 쪽에서 빨리 일어나므로 강도 계산에는 측면 필릿의 허용하중을 기준으로 하면 실제와 가까운 안전값을 얻을 수 있다. 연강에서는 목단면적당 약 300 GPa이다.

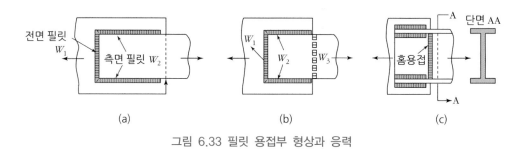

그림 6.33 필릿 용접부 형상과 응력

(4) 경사 필릿 용접 이음

용접선의 하중 방향과 각도에 따라서 전면 필릿과 측면 필릿 사이에 들어가는 이음을 경사 필릿 용접 이음이라고 한다. 경사 필릿 용접 이음의 강도는 전면 필릿 용접

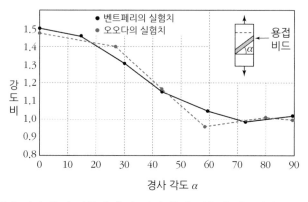

그림 6.34 경사 필릿 용접 이음과 측면 필릿 용접 이음의 강도비와 경사 각도의 관계

이음과 측면 필릿 용접 이음의 중간 정도의 강도를 갖는다. 그림 6.34는 경사 필릿 용접 이음과 측면 필릿 용접 이음의 강도비와 경사 각도의 관계를 나타낸 것이며, 경사 각도 15~20° 부분부터 강도비가 현저히 저하하고 있음을 알 수 있다.

(5) 플러그 및 슬롯 용접

플러그 용접과 슬롯 용접에서는 용접 금속이 전단응력을 분담하는 경우가 많으며, 용접 금속 내에서 상·하판의 경계 부근에 큰 응력 집중이 일어난다.

플러그 용접의 전단응력은 구멍의 면적당 전용착 금속 인장응력의 60~70% 정도이며, 용접부의 최대 응력 집중계수(형상계수)는 $\alpha = 2.5 \sim 5.5$로 높은 값을 나타내고 있다.

01 용접 구조 설계의 순서에 대하여 설명하시오.

02 용접에 따른 용접성에 대하여 설명하시오.

03 용접강도를 고려한 용접라인 배치법에 대하여 설명하시오.

04 용접 이음의 기본 형상에 대하여 설명하시오.

05 맞대기 용접에 따른 홈의 형상에 대하여 설명하시오.

06 플러그 용접과 슬롯 용접의 차이점을 설명하시오.

07 플레어 용접 이음부 형상에 대하여 설명하시오.

08 용접부 홈(groove) 설계의 요점 사항에 대하여 설명하시오.

09 용접부에 작용하는 피로강도의 정의에 대하여 설명하시오.

10 용접부에 작용하는 피로강도 향상법에 대하여 설명하시오.

11 피로 설계 시 피로파괴를 방지하는 일반적인 방법 2가지를 설명하시오.

12 용접부에 작용하는 크리프 강도의 정의에 대하여 설명하시오.

13 크리프 곡선을 그리고 4단계로 구분하여 설명하시오.

14 부식의 종류에 대하여 설명하시오.

15 용접 이음 시 발생하는 취성 파괴의 일반적인 특성에 대하여 설명하시오.

16 용접 이음의 효율에 대하여 설명하시오.

17 맞대기 용접 시 사용하는 엔드 탭에 대하여 설명하시오.

18 맞대기 이음 모양에 따른 응력 분포에 대하여 설명하시오.

19 T형 필릿 이음 모양에 따른 응력 분포에 대하여 설명하시오.

20 그림과 같이 병용 필릿 용접으로 전둘레를 필릿 용접하였을 때 (가)와 (나)의 용접부에 발생하는 응력 분포를 그리고 설명하시오.

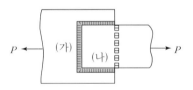

제2부

용접 시공

학습 1 용접 시공 개요

> **학습 목표** • 용접 시공에 따른 일반 사항을 알 수 있도록 한다.

[1] 개요

용접 시공에 따른 일반적인 사항을 먼저 생각해 볼 필요가 있다.

첫 번째는 용접 시공 방법으로 용접 재료의 제반 성질, 용접법의 선택, 사용 용접봉과 용접 분위기, 가 용접, 본 용접, 예열 및 후열처리 등이 여기에 해당된다고 볼 수 있다.

두 번째는 '용접에 따른 단점을 어떻게 보완할 것인가?' 하는 기술적인 문제라고 본다. 여기에는 용접에 따른 용융부와 모재부, 본드부 등에서 발생하는 재질의 변화와 취성, 수축과 잔류응력, 용접 홈의 선택, 제반 비용 등이 여기에 해당된다고 본다.

그러나 근본적으로 용접 시공을 제대로 하기 위해서는 용접 시 발생하는 문제점을 최소화하는 방법을 찾아 이를 보완하고, 새로운 용접 방법과 시공 방법을 찾아야 할 것으로 보인다. 지금까지 나타난 용접의 문제점의 시초는 용접열에 의한 수축량과 재질의 변화라고 볼 수 있다. 따라서 용접기 제작과 제반 용접봉의 개발에 있어서도 이 부분에 대해 많은 연구가 진행되고 있다.

아울러, 용접 시공을 잘 하기 위해서는 용접의 장점만을 보지 말고, '용접의 단점은 무엇일까?' 하는 사고를 가져야 할 필요도 있다고 생각한다. 이런 관점에서 '용접 이음이 왜 안되는 것일까?'라는 생각도 해 봐야 한다.

용접 이음이 잘 안 되는 이유는 다음과 같다.

첫 번째, 열전도율이 큰 재질일수록 용접이 되지 않는다.

열전도율이 클수록 국부적인 용융이 되지 않고 재료 전체가 동시에 용융되기 때문에 용접을 할 수가 없게 된다. 열전도율이 큰 재질 순서로는 은 > 구리 > 금 > 알루미늄 > 마그네슘 > 아연 > 니켈 > 철 > 납 > 주석 순서이다.

두 번째, 산화물에 의한 용융점이 다른 경우라고 볼 수 있다.

대표적인 금속이 알루미늄판이라고 볼 수 있다. 알루미늄은 공기 중에 노출이 되면 표면이 산화한다. 이렇게 산화한 표면은 용융점이 대략 2000℃ 이상이 된다. 순수 알루미늄의 용융점이 약 660℃이므로 산화된 알루미늄판을 아무런 조치 없이 그냥 용접할 경우, 이미 내부는 용융이 되어 있으나 겉표면의 산화물은 아직 용융되지 않게 되며, 산화물이 용융이 될 때는 이미 제품으로서의 형체를 잃어버리는 상황이 발생한다. 또한, 산화물의 용접 방해로 인하여 일반적인 용접법으로는 용접이 어려운 것도 사실이다. 따라서 알루미늄판을 용접할 경우에는 겉표면의 산화막을 완전히 제거한 후 고주파 교류 GTAW 용접법 등을 사용하고 있다.

세 번째, 재질이 열에 의해 산화되는 경우이다.

모든 물질은 온도가 높아짐에 따라 고체에서 액체, 액체에서 기체 등으로 상태가 변화한다. 용접은 고체 상태인 재료에 열을 가하여 액체 상태로 만든 후 상호 흡입력을 갖도록 하고 있다. 그러나 카메라 삼발이처럼 경합금 재질은 고체에서 액체가 되지 않고, 고체에서 바로 기체가 되는 승화의 상태 변화를 하게 되므로 도저히 용접을 할 수 없게 된다.

네 번째, 신축성(열에 의한 신장량)이 없는 경우이다.

대표적인 재료가 바로 주철이라고 볼 수 있다. 주철은 신축성이 거의 없어 용접 시 발생되는 재료의 열에 의한 신장과 수축작용에 적응하지 못하고 균열을 발생시키는 대표적인 재질이다. 따라서 이와 같은 재료를 용접할 경우에는 예열 및 후열 처리와 더불어 이에 적합한 용접봉을 사용하여 용접하고 있다.

다섯 번째, 2종 금속인 경우가 여기에 해당된다.

즉, 분자 결합이 여기에 해당된다. 용접은 원자 상태인 경우에 진행되는 경우로 분자 상태인 2종 금속 용접이 여기에 해당된다. 2종 금속의 용접은 솔더링과 브레이징 등을 사용하여 용접하고 있다.

학습 2   용접에 의한 수축변형

2-1. 용접 수축 및 잔류응력의 발생 개요

학습 목표	• 용접 수축 및 잔류응력의 발생 개요에 대한 정의를 알 수 있도록 한다.

[1] 용접 수축 및 잔류응력의 발생 개요

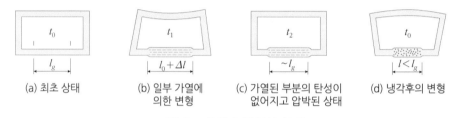

그림 2.1 응력과 변형의 상태

용접 시공에 따라 시간적인 변형 상태를 보면 최초 용접물은 용접열을 받게 되면 늘어난다. 용접 후 냉각됨에 따라 늘어났던 재료는 서서히 원래의 길이로 돌아오게 되는 것이 아니고 오히려 원래의 길이보다 줄어들게 된다. 이것을 용접에 의한 변형으로 수축변형이라고 한다. 이러한 수축변형을 '용접수축'이라고 정의한다.

이러한 용접 수축은 가열되는 체적, 용접입열량, 사용 재료 고유의 열팽창계수(선팽창계수)와 비례하고 있다.

열에 의해 발생하는 변형은 다음과 같다.

$$\lambda = \alpha \cdot \triangle t \cdot l$$

여기서 λ : 열에 의한 신장량, α : 열팽창계수, $\triangle t$: 온도변화, l : 재료의 처음 길이

구속된 상태의 금속에 열을 가하면 자유로이 수축과 팽창을 하지 못하고 재료 내부에 응력이 남게 되는데 이것을 용접 재료 내부에 잔류된 응력, 즉 줄여서 용접 잔류응력이라 한다.

표 2.1 용접부의 변형과 잔류응력 발생 원리

조건	그림	온도변화	형태변화	잔류응력
(1) 팽창과 수축이 자유로움		상온		
		가열	팽창	
		냉각	수축	
		상온	수축	
(2) 팽창 억제, 수축은 자유로움		상온		
		가열	팽창 억제	압축응력
		냉각	수축	
		상온	수축	
(3) 팽창 억제, 수축 억제		상온		
		가열	팽창 억제	압축응력
		냉각	수축	인장응력
		상온	수축	인장응력

용접열에 의한 용접변형과 잔류응력의 관계는 다음과 같다.

1. 가열 범위가 넓을수록 수축량은 커진다.

2. 수축량이 많을수록 제품의 치수 불량이 발생한다.

3. 치수 결함을 방지하기 위해서는 구속용접을 실시한다.

4. 구속용접을 실시할 경우 잔류응력은 증가한다.

5. 잔류응력의 증가는 향후 제품의 변형과 파괴에 영향를 준다.

6. 따라서 용접 변형과 잔류응력의 관계를 적절히 조화시킬 필요가 있다.

7. 용입이 깊은 용접법을 선택하여 가열면적을 최소화한다.

용접에 의한 수축변형과 잔류응력을 최소화하는 방법은 다음과 같다.

1. 최소 열량으로 용접할 수 있는 용접장비를 사용한다.

2. 가열체적(가열면적)을 최소화한다. 단, 용접작업에 지장을 초래해서는 안 된다.

3. 되도록 용접개소를 줄인다. (자동차 공장에서 용접을 대체할 수 있는 본딩 방법이 개발·사용되고 있다.)

2-2. 용접 변형 발생과 그 종류

학습 목표 • 용접 변형 발생과 그 종류를 알 수 있도록 한다.

[1] 용접 변형의 특징과 변형의 원인

1. 용접 변형의 특징

- 용접 변형은 구조물의 미관을 손상시킨다.
- 초기 변형이나 잔류응력으로 구조물의 강도를 저하시킨다.
- 용접 변형은 강구조물 제작 시 용접부 형상에 따라 복합적으로 발생한다.
- 변형 발생 시 절단, 교정 등의 불필요한 작업으로 생산성이 저하된다.

2. 용접 변형의 원인

(1) 모재의 영향

(가) 열팽창계수가 크고 열전달이 클수록 변형 발생이 크다.

(나) 오스테나이트 스테인리스강은 선팽창계수가 탄소강의 1.5배로 열에 의한 변형량이 탄소강보다 크다는 것을 알 수 있다.

(2) 용접 형상의 영향

(가) V형 맞대기 이음은 각 변화가 한 방향에서만 일어난다.

(나) X형 맞대기 이음은 각 변화가 반대편 용접 시 상쇄작용으로 V형보다 작다.

(다) V형 맞대기 이음 시 큰 지름의 용접봉을 쓰는 것이 각 변형을 감소시킨다.

(라) X형 맞대기 이음은 양면의 상하 개선 비율(대칭도)을 적절하게 조절하면 각 변형을 거의 없게 할 수 있으며, 보통 개선 비율은 6:4 혹은 7:3 정도이다.

(3) 용접 속도의 영향

(가) 용접 속도를 빠르게 할수록 각 변형 방지 효과가 크다.

(나) 용접 패스(pass)수가 적을수록 각 변형 및 세로 방향 뒤틀림이 적어진다.

(4) 용접 입열 대소의 영향

(가) 과입열의 용접일수록 용융 금속이 많이 발생되어 수축량이 많이 발생한다.

(나) 용접부 변형을 최소화하기 위해서는 가능한 최소 입열의 용접 방법을 선택한다.

[2] 용접 변형의 종류

표 2.2 용접 변형에 영향을 미치는 인자

용접열에 관계되는 인자	외적 구속에 관계되는 인자
용접 전류, 아크 전압, 용접 속도, 용접 층수, 용접봉의 종류와 크기, 용착법, 이음의 홈 모양과 치수, 용접 순서, 용접 방법(즉, 수동이나 자동 용접), 이면 따내기 또는 이면 용접 유무 등	부재 치수나 이음의 주변 지지 조건, 부재의 강성, 가용접의 크기와 피치, 구속 지그 적용법, 용착 순서, 용접 순서 등
변형을 생기게 하는 인자	변형을 억제하는 인자

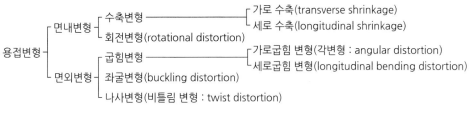

그림 2.2 용접 변형의 종류

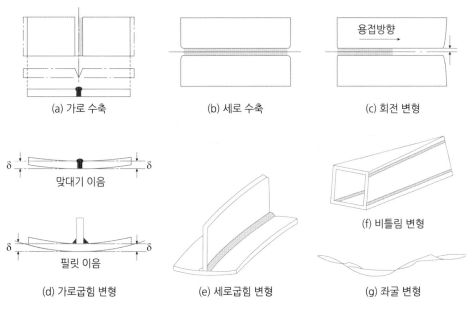

그림 2.3 용접 변형의 형태

받침대

이쪽 변형을 작게 한다 →

보강재

갑판

그림 2.4 구조물에서의 용접 변화

1. 가로(횡) 수축 : 용접선에 직각 방향의 수축

(1) 자유 이음의 가로(횡) 수축

$$S_d = \frac{\alpha}{C \cdot \rho} \times \frac{Q}{v \cdot d}$$

S_d : 자유 이음의 수축량(cm), α : 선팽창계수($\frac{1}{°C}$), C : 비열($\frac{cal}{g \cdot °C}$), ρ : 밀도($\frac{g}{cm^3}$),

Q : 단위 시간당 입열($\frac{cal}{sec}$), v : 용접속도($\frac{cm}{sec}$), d : 판두께(mm)

용착 금속의 양은 입열량과 선팽창계수에 비례하고 다른 파라미터와는 반비례한다.
또한, 입열량은 개선 체적과 단면적과 비례하므로 개선 단면적이 클수록 가로(횡)
수축량도 증가한다. 같은 판두께라도 루트 간격이 클수록 개선 체적이 크게 되어 수축
량이 크며, X형보다 V형 홈의 용접이 역시 개선 체적이 크게 되어 가로(횡) 수축량이
크게 된다. 스테인리스강이나 알루미늄 용접의 경우 $\frac{\alpha}{C \cdot \rho}$ 값이 연강보다 크므로
(STS : 2배, AL : 4배) 가로(횡) 수축량도 훨씬 크게 되며, 비용착열(용접 입열량 Q/
용착금속량 W)의 비에 따라 수축량이 달라지므로, 비용착열이 적은 서브머지드 아크
용접이 피복 아크 용접의 1/2 정도로 가로(횡) 수축량은 적다.

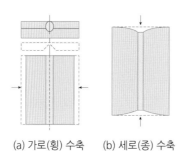

(a) 가로(횡) 수축   (b) 세로(종) 수축

그림 2.5 가로 및 세로 수축

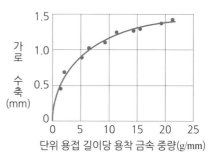

단위 용접 길이당 용착 금속 중량(g/mm)

그림 2.6 다층 용접 시 가로(횡) 수축량

(2) 필릿 용접 이음의 가로(횡) 수축

필릿 용접은 맞대기 용접보다 용착 금속 자체의 수축이 자유롭지 못해 가로(횡) 수축량은 맞대기 용접보다 훨씬 적다.

(가) 필릿 용접의 가로(횡) 수축량(실험식)

1) 연속 필릿 용접 시 횡 수축량 = 다리길이/판두께 [mm]
2) 단속 필릿 용접 시 횡 수축량 = (다리길이/판두께)×(용접길이/전 길이) [mm]
3) 겹치기(양면 필릿) 이음 횡 수축량 = (다리길이/판두께)×1.5 [mm]

표 2.3 용접 시공 조건과 수축량의 관계

시공조건	수축량
홈의 형태	V형 홈이 X형 홈보다 수축이 크다. 단, 대칭 X형 홈은 오히려 좋지 않다.
루트 간격	간격이 클수록 수축이 크다.
용접봉 지름	봉 지름이 큰 것으로 시공할수록 수축이 작다.
피복제의 종류	별로 영향이 없다.
운봉법	위빙하는 쪽이 수축이 작다.
구속 정도	구속도가 크면 수축이 작다. 단, 너무 구속도가 크면 균열의 우려가 있다.
피닝 여부	피닝하면 수축량이 다소 감소한다. 후판에선 별 영향이 없다.
밑면 따내기(가스 가우징)	밑면 따내기만으로는 별 영향이 없으며 재용접하면 밑면따내기 전과 대략 평행으로 증가한다. 가우징 시 가우징열에 의해서도 수축하며 이후 평행으로 증가한다.
서브머지드 아크 용접	횡수축이 훨씬 적어 피복 아크 용접의 약 1/3~1/2 정도이다.

2. 세로(종) 수축 : 용접선 방향의 수축

일반적으로 용접 이음의 종수축량은 1/1000 정도이며, Gryot의 맞대기 용접 종 수축량 계산 실험식은 다음과 같다.

$$\delta = \frac{A_w}{A_p} \times 25 \ [\text{mm}]$$

여기서, A_w : 용착 금속의 단면적(mm^2), A_p : 저항하는 부재의 단면적(mm^2)

$\dfrac{A_w}{A_p}$의 비가 $\dfrac{1}{20}$보다 작을 경우에는 모두 0.05로 한다.

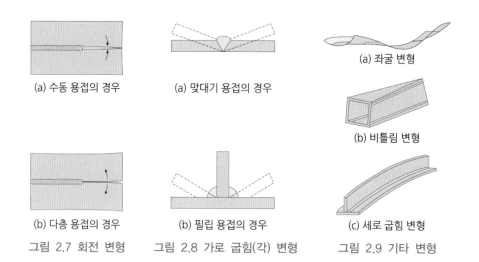

(a) 수동 용접의 경우   (a) 맞대기 용접의 경우   (a) 좌굴 변형

(b) 비틀림 변형

(b) 다층 용접의 경우   (b) 필립 용접의 경우   (c) 세로 굽힘 변형

그림 2.7 회전 변형   그림 2.8 가로 굽힘(각) 변형   그림 2.9 기타 변형

3. 회전변형

서브머지드 아크 용접과 같이 고속 대입열 용접의 경우 넓어지고, 수동 용접이나 일렉트로 슬래그 용접과 같이 저속 소입열인 경우 반대로 좁아지게 된다.

회전 변형은 첫 패스(pass)의 용접에 가장 심하게 나타나며, 2층 이후는 비교적 작다.

(1) 회전 변형의 방지대책

(가) 가접을 완전하게 하거나 미리 수축을 예견하여 그만큼 벌리거나 좁혀준다.

(나) 용접 끝부분을 구속한다.

(다) 길이가 긴 경우는 2명 이상의 용접사가 이음의 길이를 정해 놓고 동시에 시작한다.

(라) 후퇴법, 대칭법, 비석법(skip method) 등의 용착법을 이용한다.

(마) 맞대기 이음이 많은 경우 길이가 길고 용접선이 직선인 경우, 제작 개수가 많은 부재는 큰 판으로 맞대기 용접한 후 플레임 플레이너로 절단하면 능률의 향상과 회전 변형을 방지할 수 있다.

4. 가로 굽힘(각) 변형

맞대기 용접을 한쪽에서 하는 경우 용접하는 쪽으로 굽힘변형이 일어난다. 후판 용접 시에는 각변형으로 인하여 루트 균열이 발생한다.

각 변형을 방지하기 위하여 클램프나 스트롱 백에 의한 구속 용접을 수행한다.

후판의 경우 각 변형은 첫 패스나 두 번째 패스보다 세 번째 패스에서 급격히 증가한다.

(1) 각 변형의 방지 대책

(가) 개선각도를 될 수 있는 한 작게 한다.

(나) 판두께가 얇을수록 첫 패스 측의 개선 깊이를 크게 한다.

(다) 용접 속도가 빠른 용접법을 이용한다.

(라) 구속지그를 활용한다.

(마) 역변형의 시공법을 사용한다.

(바) 판두께와 개선형상이 일정할 때 용접봉 지름이 큰 것을 이용하여 패스 수를 줄인다.

5. 필릿 용접 이음에서의 각 변형

용착 금속량이 많을수록 커진다. 필릿 용접의 각 변형은 패스수(층수)에 따라 증가한다.

(1) T형 필릿 용접의 각 변형 경감 방법

(가) 판을 휘어놓는 역변형이 가장 좋다.

(나) 단속 용접을 한다.

(다) 용접 속도가 빠른 용접법(서브머지드)을 이용한다.

6. 세로(종) 굽힘 변형

세로 수축의 중심이 부재의 가로(횡)단면의 중립축과 일치하지 않는 경우 발생한다. 맞대기 이음의 경우도 발생하지만, T형 조립빔이나 I형 조립빔 용접과 같이 용접선이 빔의 단면 중립축에서 떨어진 경우에 많이 발생한다.

7. 좌굴 변형(buckling distortion)

두꺼운 판의 경우는 문제가 없으나 얇은 판의 경우는 용접 입열에 비하여 판의 강성이 현저하게 낮으므로, 용접선 방향으로 압축 응력에 의하여 좌굴 변형이 발생한다.

(1) 좌굴 변형 방지법

(가) 이음의 근방에서 면외 변형을 구속하는 방법

(나) 용착 순서를 고려하여 열량을 적당히 분산시키는 방법

8. 비틀림 형 변형(twist distortion)

기둥이나 보 등과 같이 가늘고 길이가 긴 구조에서 재료 고유의 비틀림이나 용접수

축의 미소한 불균형에 의해서 비틀림이 생긴다. 비틀림 변형은 일단 발생하면 교정이 극히 곤란하므로 용접 전에 보강하여 비틀림 강성을 증가시켜야 한다.

(1) 비틀림 변형의 원인

    (가) 압연 작업 시 발생하는 재료 고유의 비틀림

    (나) 조립 작업 시의 비틀림

    (다) 구조 설계의 잘못

(2) 비틀림 변형을 경감시키는 시공 방법

    (가) 표면 덧붙이를 필요 이상 주지 않는다.

    (나) 용접 집중을 피한다.

    (다) 이음부의 맞춤을 정확하게 한다.

    (라) 가공 및 정밀도에 주의한다.

    (마) 지그를 활용한다.

    (바) 용접 순서는 구속이 큰 부분에서부터 구속이 없는 자유단으로 진행한다.

9. 가스 절단에 의한 변형(twist distortion)

가스 절단 변형량은 절단 속도, 예열 불꽃의 크기, 모재의 초기 응력 등에 따라 다르므로, 절단 시에는 예열 및 절단 속도를 알맞게 선택한다.

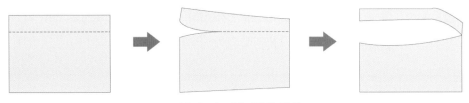

그림 2.10 가스 절단 변형

(1) 가스 절단 변형을 경감시키는 시공 방법

    (가) 적당한 지그를 사용하여 절단재의 이동을 구속한다.

    (나) 절단에 의하여 변형되기 쉬운 부분을 최후까지 남겨 놓고, 냉각하면서 절단한다.

    (다) 플레임 플레이너와 같은 여러 개의 토치를 사용하여 평행 절단한다.

    (라) 가스 절단 직후에 절단가장자리를 수냉하는 방법을 사용한다.

2-3. 용접 변형 방지 대책과 변형 교정법

학습 목표 • 용접 변형 방지 대책과 변형 교정법을 알 수 있도록 한다.

[1] 용접 변형의 방지 대책

용접 변형이 없는 완전한 구조물을 제작하는 것은 곤란하지만, 설계, 가공, 용접 때 적당한 배려를 통하여 그 크기나 분포를 조정하는 것은 가능하다. 용접 변형의 경감이나 방지를 위한 근본적인 방법은 용접 입열을 감소시키고, 변형에 저항하는 부재의 강성을 증가시키는 것이다.

1. 용접 변형 방지법의 종류

- 구속법(restraint method method ; 억제법 또는 구속에 의한 변형 방지법)
- 역변형법(pre-distortion method)
- 용접 순서를 바꾸는 법
- 냉각법(cooling method)
- 가열법
- 피닝법(peening method)

(1) 구속법(restraint method : 억제법 또는 구속에 의한 변형 방지법)

  (가) 용접물을 정반, 보강재, 보조판 등을 이용하여 강제 고정하여 변형을 방지하면서 용접하는 방법이며, 가장 많이 사용하는 방법이다.

  (나) 소성 변형이 일어나기 쉬운 장소를 구속하는 것이 원칙이다.

  (다) 구속법은 억제하는 힘이 너무 클 경우 잔류응력이 커져서 균열을 발생한다.

  (라) 후판의 경우는 잔류응력으로 인한 균열에 주의가 필요하다.

  (마) 스테인리스강의 경우도 구속으로 생긴 잔류응력이 응력 부식 균열 등을 일으킬 수 있으므로 주의가 필요하다.

  (바) 박판 구조물 용접에 적당한 방법이다.

    1) 박판의 경우 개선면 부근에 클램프나 잭으로 고정한다.

    2) 스테인리스강 박판 맞대기 이음 시 동판을 조합시킨 구속 지그를 사용한다.

    3) 적당한 지그가 없는 경우 스트롱백(strong back)을 사용한다.

4) 홈 각 및 루트 간격을 용접이 가능한 범위로 최소화한다.

5) 맞대기 용접의 경우 잭으로 판을 구속하거나 중량물을 올려놓는다.

6) 변형 상쇄법이나 엘보 강관 용접의 경우 앵글을 사용하는 방법도 있다.

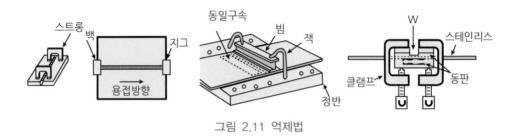

그림 2.11 억제법

(2) 역변형법(pre-distortion method)

용접에 의한 변형을 미리 예측하여 용접하기 전에 반대 방향으로 먼저 변형을 주고 용접하는 것으로, 용접 후 변형을 바로 잡기가 어려울 때나, 처음부터 변형량을 대략 예측할 수 있을 때 사용하는 방법이다.

역변형을 주는 방법은 탄성 역변형법과 소성 역변형법 2가지가 있다.

(가) 탄성 역변형법 : 재료를 탄성한도 범위 내로 변형을 주었다가 놓아주면 제자리로 돌아가는 변형을 이용한 방법

(나) 소성 역변형법 : 가장 널리 쓰는 방법으로 탄성한도를 넘어서 제자리로 돌아오지 않는 범위까지 역변형을 주는 방법

피복 아크 용접 시 역변형을 주는 방법은 2가지가 있다.

(가) V형 맞대기 용접 시 루트 간격을 시점보다 종점 부근을 더 벌려 준다.

(나) 가접 후 뒷면으로 2~3° 정도 꺾어 준다.

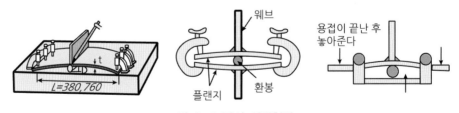

그림 2.12 탄성 역변형법

V형 맞대기 용접 시 일반적인 루트 간격의 역변형량은 다음과 같다.

$$D = (d + 0.005l)$$

D : 아크가 끝나는 지점의 역변형량

d : 시점의 루트 간격, l : 전체 용접길이

(3) 용접 순서를 바꾸는 방법

후퇴법(back step method), 대칭법(symmetry method), 비석법(skip method), 교호법(alternation method) 등을 사용한다.

비석법(skip method)은 잔류응력이 가장 적게 남는 방법으로 각 비드의 길이는 약 200 mm 정도가 적당하다.

그림 2.13 용접 순서 변경에 따른 변형 방지법

(4) 냉각법(cooling method)

용접부 부근을 냉각시켜 열영향부의 넓이를 축소시킴으로써 변형을 방지하는 방법이다. 냉각법의 종류는 3가지로 수냉 동(구리)판 사용법, 살수법, 석면포 사용법이 있다.

(5) 가열법

용접에 의한 수축작용으로 인한 균열 발생을 방지하기 위하여 전체 또는 국부적으로 가열하고 용접하는 방법이다.

(6) 피닝법(peening method)

가늘고 긴 피닝 망치로 용접 부위를 계속하여 두들겨 주는 작업을 말한다.

피닝의 목적은 다음과 같다.

　(가) 용접에 의한 수축 변형을 감소시킨다.

　(나) 용접부의 잔류응력을 완화시킨다.

　(다) 용접으로 인한 변형을 방지한다.

　(라) 용접 금속의 균열을 방지한다.

표 2.4 피닝의 시공조건

피닝의 목적	피닝의 시기	회수*	피닝을 하는 장소
잔류응력 완화	냉간	최종 층만이 좋다. 각 층 피닝은 다소 효과 적이다.	용착 금속 및 그 양측 약 50 mm 범위
변형의 방지	냉간	각 층 피닝	용착 금속 및 그 양측 부분
미소균열의 방지	열간	각 층 피닝	용착 금속

* ① 제1층을 피닝하면 균열의 우려가 있다.
　② 가공에 의한 취화가 문제될 때에는 최종 층의 피닝을 하지 않는다.

　　※ 연강 이외의 재료에 피닝을 할 때 주의 사항
　　　1) 오스테나이트계 스테인리스강은 가공경화가 일어나고, 또한 내식성이 약하
　　　　므로 최종 층은 과도한 피닝은 하지 않는다.
　　　2) 페라이트 스테인리스강은 인성이 낮으므로 과도한 피닝을 하면 그 충격으로
　　　　균열이 일어나기 쉽다.
　　　3) 청동의 피닝은 열간취성 온도를 피하는 것이 좋다.

2. 일반적인 용접 변형 방지법

(1) 설계 단계에서의 변형 방지법

(가) 용접길이가 감소될 수 있는 설계를 한다.

　프레스 굽힘이나 형재의 사용, 단속 용접 등을 포함한 설계로 용접길이를 감소
시킨다.

(나) 용착 금속을 감소시킬 수 있는 설계를 한다.

　개선 형상이나 목길이의 감소 여지를 파악하여 최적 설계로 용착 금속을 감소
시킨다.

(다) 보강재 등 구속이 커지도록 구조 설계를 한다.

(라) 변형이 적은 이음부를 배치한다.

(2) 시공 단계에서의 변형 방지법

(가) 재료 운반, 절단 시 변형을 줄인다.

(나) 개선 치수와 조립의 정밀도를 향상시키고, 용접 금속의 중량을 줄인다.

(다) 탄성 역변형법, 소성 역변형법을 채용한다.

(라) 용착열이 적은 용접법을 채용한다.

(마) 포지셔너 등을 사용하여 처음부터 품질이 좋은 이음 부분을 얻는다.

(바) 용접 전 고정구나 스트롱백을 사용하여 구속한다.

(사) 용접 변형이 작도록 용접 순서를 채용한다.

(아) 용입을 가능한 적게 하고 맞춤의 이가 잘 맞도록 한다.

(자) 용접을 중앙으로부터 시작하여 밖으로 진행한다.

(차) 단면의 중심축에 대하여 양쪽에 대칭으로 용착시킨다.

(카) 필릿 용접보다 맞대기 용접을 먼저 한다.

(타) 용접물을 중간 조립체로 나누어 용접해 나간다.

(파) 가장 정밀한 용접부가 가장 나중에 용접되도록 순서를 정한다.

[2] 용접 변형 교정법

용접 변형 교정 방법은 다음과 같다.

1. 가열법

(1) 점가열법(얇은판에 대한 점 수축법)

(2) 선상 가열법(형재에 대한 직선 수축법)

(3) 쐐기모양 가열법

2. 가압법

(1) 후판에 대하여 가열 후 압력을 주어 수냉하는 법

(2) 롤러에 의한 가열 후 햄머링법

3. 절단에 의한 성형과 재용접

4. 피닝법

연강의 최고 가열온도는 600~650℃ 이하로 하는 것이 좋다.

[얇은 판에 대한 점 수축법(점가열법) 조건]

(1) 가열 온도 : 500~600℃

(2) 가열 시간 : 약 30초

(3) 가열 점의 지름 : 20~30 mm

(4) 중심 거리 : 60~80 mm

(5) 가열 후 즉시 수냉

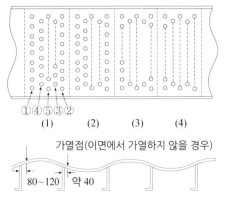

점가열 가열온도 500~600℃
시간 약 30초
점직경 20~30 mm
중심거리 60~80 mm

그림 2.14 점가열에 의한 변형제거법

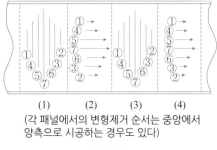

(각 패널에서의 변형제거 순서는 중앙에서
양측으로 시공하는 경우도 있다)

선상가열
가열온도 600~650℃
속   도 150~170 mm/min
직후수냉

그림 2.15 선상 가열에 의한 변형제거법

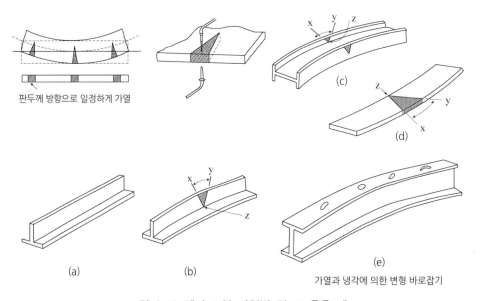

그림 2.16 쐐기 모양 가열법 및 그 응용 예

01 용접에 의한 수축과 용접변형의 관계를 설명하시오.

02 용접열에 의한 용접변형과 잔류응력의 관계를 설명하시오.

03 용접에 의한 수축변형과 잔류응력을 최소화하는 방법을 설명하시오.

04 모재, 홈형상, 용접속도, 용접입열에 따른 용접변형에 대해 설명하시오.

05 용접변형에 영향을 미치는 인자에 대하여 설명하시오.

06 용접변형의 종류를 열거하고 설명하시오.

07 용접 시 발생하는 자유 이음의 수축량에 관한 관계식을 쓰고 설명하시오.

08 다층 용접 시 가로(횡)수축량에 관한 그래프를 그리고 설명하시오.

09 용접 시공 조건과 수축량의 관계를 표로 설명하시오.

10 가스절단변형을 경감시키는 시공 방법을 설명하시오.

11 용접 변형 방지법의 종류를 쓰시오.

12 역변형법(pre-distortion method)을 설명하시오.

13 냉각법(cooling method)의 종류를 쓰고 설명하시오.

14 피닝의 목적을 쓰시오.

15 피닝의 시공조건을 표로 설명하시오.

16 연강 이외의 재료에 피닝할 때 주의 사항을 설명하시오.

17 설계 단계에서의 변형 방지법을 쓰시오.

18 시공 단계에서의 변형 방지법을 쓰시오.

19 용접 변형 교정 방법을 쓰고 설명하시오.

20 점가열 및 선상가열에 의한 변형제거법에 대한 조건을 쓰시오.

학습 3 잔류응력

3-1. 잔류응력의 발생과 영향

| 학습 목표 | • 잔류응력의 발생과 영향을 알 수 있도록 한다. |

[1] 수축과 팽창의 정도

- 수축과 팽창의 정도는 가열된 면적의 크기에 정비례한다.
- 구속된 상태의 팽창, 수축은 금속의 변형과 응력을 초래한다.
- 구속된 상태에서의 수축은 금속이 그 장력에 견딜 만한 연성을 가지지 못하면 결국 파단된다.

[2] 잔류응력이 제품에 미치는 영향

- 박판구조물에서 국부 좌굴 변형을 일으킨다.

(a) 모재

(b) 가열(부피 팽창)

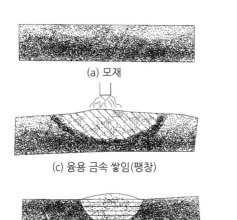

(c) 용융 금속 쌓임(팽창)

(d) 냉각, 응고 시작

(e) 잔류 응력 생성

(f) 잔류 응력 생성, 변형

그림 3.1 용접 과정과 잔류응력 발생

- 용접 구조물에서는 취성 파괴 및 응력 부식을 일으킨다.
- 기계 부품에서는 사용 중에 서서히 해방되어 변형을 일으킨다.

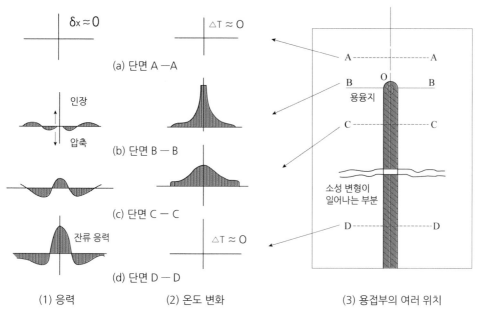

그림 3.2 자유 맞대기 용접 이음 각 부의 온도와 응력 변화

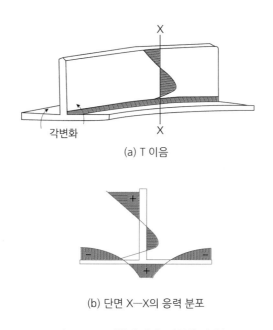

(a) T 이음

(b) 단면 X—X의 응력 분포

그림 3.3 T 이음에서의 잔류응력 분포

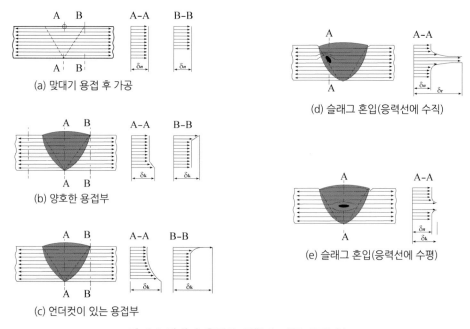

그림 3.4 맞대기 용접의 결함에 따른 응력 분포

[3] 잔류응력의 영향

잔류응력은 다음과 같은 경우에 영향을 미치게 된다.

1. 정적 강도 : 인장, 압축, 좌굴

재료의 연성이 어느 정도 존재하고 있는 경우에 부재의 정적 강도에는 잔류응력이 크게 영향을 미치지 않는다.

2. 피로강도

3. 취성 파괴

4. 부식에 의한 영향

• 응력부식 균열의 대표적인 재료
  - 오스테나이트계 스테인리스강의 부식 균열
  - 연강의 알칼리 취성

- 고장력강의 응력 부식 균열
- Al 합금, Mg 합금, Cu 합금의 응력 부식
- 특히 황동이나 청동은 일반적으로 응력 부식을 받기 쉽다.

5. 다듬질 가공에 의한 변형

3-2. 잔류응력의 경감과 완화

학습 목표	• 잔류응력의 경감과 완화를 알 수 있도록 한다.

[1] 잔류응력 경감 방법

잔류응력을 경감하는 방법은 다음과 같다.

(1) 용착 금속량을 되도록 감소시킨다.
(2) 적절한 용착법의 선정 : 비석법(skip method)을 선정한다.
(3) 예열 : 잔류응력 방지를 위한 예열 온도는 50~150℃로 한다.
(4) 잔류응력을 감소시킬 수 있는 용접 순서의 선정한다.

용접부의 열원은 열응력을 유발시켜 응력이 잔류하게 되는데, 이를 경감시키기 위해 용접부를 예열한 후 용접하면 용접 시 온도 분포의 구배(gradient)가 적어져 냉각 시 수축 변형량도 감소하고 구속응력도 경감된다.
예열의 목적은 다음과 같다.

(1) 열영향부와 용착 금속의 경화를 방지하고 연성을 증가시킨다.
(2) 수소의 방출을 용이하게 하여 저온 균열을 방지한다.
(3) 용접부의 기계적 성질을 향상시키고 경화 조직의 석출을 방지한다.
(4) 용접에 의한 변형과 잔류응력을 적게 한다.
(5) 용접부의 온도 분포, 최고 도달온도 및 냉각 속도를 변화시킨다.

[2] 잔류응력의 완화법

잔류응력을 완화시키는 방법은 다음과 같다.

1. 응력제거 풀림법(stress-relief annealing)

(1) 노내 응력제거 풀림법(furnace stress relief)
(2) 국부 가열 풀림법(local stress relief)

2. 기계적 응력 완화법(mechanical stress relief)

3. 저온응력 완화법(low-temperature stress relief)

4. 피닝법(peening)

피닝법은 용접부를 구면상의 피닝 해머로 연속적인 타격을 주어 표면층에 소성 변형을 주는 법으로, 용착 금속부의 인장응력을 완화시킨다. 응력 완화 이외에도 변형의 경감이나 균열 방지 등에도 이용되나, 피닝의 효과는 표면 근처밖에 영향이 없으므로 판두께가 두꺼운 것은 내부응력이 완화되기 어렵고, 용접부를 가공 경화시켜 연성을 해치기도 한다.

※ 노내 응력제거 풀림법(furnace stress relief)
(1) 피가열물을 노내에 출입시키는 온도는 300℃를 넘어서는 안 된다.
  300℃ 이상의 온도에서 가열 또는 냉각 속도 : R [℃/hr]

  $$R \leq 200 \times \frac{25}{t} \ [℃/hr \ ] \quad 여기서 \ t : 판두께(mm)$$

(2) 가열 중 노내의 물품 온도차는 50℃ 이내로 규정하고 있다.

※ 저온응력 완화법(low-temperature stress relief)
(1) 용접선의 양측을 정속도로 이동하는 가스 불꽃으로 폭 약 150 mm, 온도 150~250℃ 정도로 가열한 후 즉시 수냉하는 방법이다.
(2) 특히 용접선 방향의 인장 잔류응력을 제거하는 방법이다.

(3) 판두께 25 mm 이상에서는 판의 앞뒤 양면을 동시에 가열한다.

(4) 용접부의 연화, 연성, 인성의 증가 등 야금학적 효과가 크다.

(5) 일반적으로 18-8 Cr-Ni 스테인리스강의 응력 부식을 예방하기 위한 잔류응력 완화에 유효하다.

표 3.1 각종 금속 및 합금의 응력 제거 풀림 표준 온도와 시간

금속의 종류	풀림 온도(℃)	유지 시간(h) 판두께 25 mm당	금속의 종류	풀림 온도(℃)	유지 시간(h) 판두께 25 mm당
화주철	430∼500	5	Cr 스테인리스강(모든 판두께)		
탄소강			AISI 410, 430	775∼800	2
C 0.35% 이하, 19 mm 미만	불필요	–	AISI 405, 19 mm 미만	불필요	–
C 0.35% 이상, 19 mm 이상	590∼680	1	Cr-Ni 스테인리스강		
C 0.35% 이하, 12 mm 미만	불필요	–	AISI 304, 321, 347, 19 mm 미만	불필요	–
C 0.35% 이상, 12 mm 이상	590∼680	1	AISI 316, 19 mm 이상	815	2
저온 사용 목적 특수 킬드강	590∼680	1	AISI 309, 310, 19 mm 이상	870	2
C-Mo강(모든 판두께)			이종재료 없음		
C 0.2% 미만	590∼680	2	Cr-Mo강+탄소강	730∼760	3
C 0.20∼0.35%	680∼760	2∼3	AISI 410, 430+기타 강종	730∼760	3
Cr-Mo 0.5%(모든 판두께)			Cr-Ni 스테인리스강+기타 강종	기타 강종만 응력 제거	
C 0.2%, Mo 0.5%	720∼750	2			
Cr 0.35%, Mo 1%, C 9%	730∼760	3			

표 3.2 노내 응력 제거 풀림의 유지 시간과 온도

기호	강재	종	화학 성분					유지 온도	유지 시간
			C	Mn	Si	Cr	Mo		
SB	보일러용 압연 강재		0.15 ∼0.30	0.90 이하	0.15 ∼0.30			625±25℃	두께 25 mm에 대하여 1 h
SM	용접 구조용 연강재		0.15 ∼0.30	0.30 ∼0.60	0.15 ∼0.30			625±25℃	두께 25 mm에 대하여 1 h
SS	일반 구조용 연강재		0.15 ∼0.30	0.30 ∼0.60	0.15 ∼0.30			625±25℃	두께 25 mm에 대하여 1 h
S－C	기계 구조용 탄소강		0.05 ∼0.60	0.30 ∼0.60	0.15 ∼0.30			625±25℃	두께 25 mm에 대하여 1 h
SC	탄소강 주강품		0.05 ∼0.60	0.30 ∼0.60	0.15 ∼0.30			625±25℃	두께 25 mm에 대하여 1 h

기호	강재	종	C	Mn	Si	Cr	Mo	유지온도	유지시간
SF	탄소강 단강품		0.05 ~0.60	0.30 ~0.60	0.15 ~0.30			625±25℃	두께 25 mm에 대하여 1 h
SIB	보일러용 강관	1~5종	0.08 ~0.20	0.25 ~0.80	0.10 ~0.50		0~ 0.65	1~5종 625±25℃	두께 25 mm에 대하여 1 h
		6, 7, 8종			0.10 ~0.50	0.80 ~2.50	0.20 ~1.10	6, 7, 8종 725±25℃	두께 25 mm에 대하여 2 h
STT	고온 고압 배관용 강관	1, 2종	0.10 ~0.20	0.30 ~0.80			0.10 ~0.65	1, 2종 625±25℃	두께 25 mm에 대하여 1 h
		3, 4, 5종			0.10 ~0.75	0.80 ~6.00	0.20 ~0.65	3, 4, 5종 725±25℃	두께 25 mm에 대하여 2 h
STP	압력 배관용 강관		0.08 ~0.30	0.25 ~0.80	0.35 이하			625±25℃	두께 25 mm에 대하여 1 h
STS	특수고압 배관용강관		0.08 ~0.30	0.30 ~0.80	0.10 ~0.35			625±25℃	두께 25 mm에 대하여 1 h
STC	화학공업용 강관	1, 2종	0.08 ~0.18	0.25 ~0.60	0.35 이하			1, 2종 625±25℃	두께 25 mm에 대하여 1 h
		3, 4종			0.10 ~0.75	0.80 ~6.00	0.20 ~0.65	3, 4종 725±25℃	두께 25 mm에 대하여 2 h

표 3.3 노내 및 국부 풀림 시의 유지 온도와 시간

기호	강재	종	화학성분					유지온도	유지시간
			C	Mn	Si	Cr	Mo		
SB	보일러용 압연강재		0.15 ~0.03	0.09 이하	0.15 ~0.30			625±25℃	두께 25 mm에 대하여 1 h
SM	용접 구조용 연강재		0.15 ~0.30	2.5℃ 이상	0.15 ~0.30			625±25℃	두께 25 mm에 대하여 1 h
SS	일반구조용 연강재		0.15 ~0.30	2.5℃ 이상	0.15 ~0.30			625±25℃	두께 25 mm에 대하여 1 h
SM 50C	기계 구조용 연강재		0.05 ~0.60	0.30 ~0.60	0.15 ~0.30			625±25℃	두께 25 mm에 대하여 1 h
SC	탄소강 주강품		0.05 ~0.60	0.30 ~0.60	0.15 ~0.30			625±25℃	두께 25 mm에 대하여 1 h
SF	탄소강 단강품		0.05 ~0.60	0.30 ~0.60	0.15 ~0.30			625±25℃	두께 25 mm에 대하여 1 h
STB	보일러용 강판	1~5종 6, 7, 8종	0.80 ~0.20	0.25 ~0.80	0.10 ~0.50	0.80 ~2.50	0~ 0.65	1~5종 625±25℃	두께 25 mm에 대하여 1 h
					0.10 ~0.50		0.20 ~1.10	6, 7, 8종 625±25℃	두께 25 mm에 대하여 2 h

3-3. 잔류응력 측정

> **학습 목표**   • 잔류응력 측정법을 알 수 있도록 한다.

[1] 응력 이완법에 의한 측정

2차원적인 측정 방법으로 거너트(Gunnert)법이 많이 이용되는데, 이는 그림 3.5와 같이 지름 9 mm 원주상에 4개의 작은 구멍을 수직으로 뚫고, 다시 그 주위를 9~16 mm 원주상의 면적을 수직으로 절단하여 잔류응력을 해방시킨 다음, 제거 전후의 작은 구멍 사이의 거리를 거너트 변형도계로 측정하여 응력을 알아내는 측정법이다. 또는 스트레인 게이지(strain gauge)를 이용해서 전기적으로 시험편에 부착시켜 응력이 생기면 게이지에 표시되는 전기 저항 값을 측정하는 방법 등이 있다. 이와 같이 잔류응력을 X선법을 제외하고는 기계 가공으로 응력을 해방하고, 이때 생기는 탄성 변형을 전기적 또는 기계적 변형도계를 이용하여 측정한다.

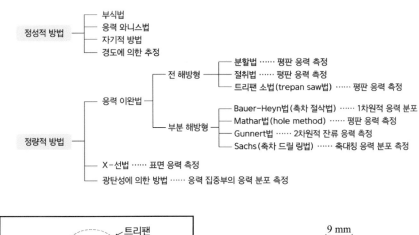

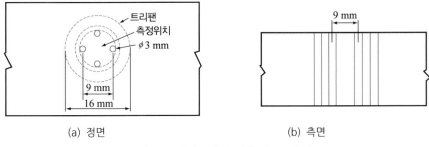

(a) 정면   (b) 측면

그림 3.5 거너트법에 의한 응력 측정

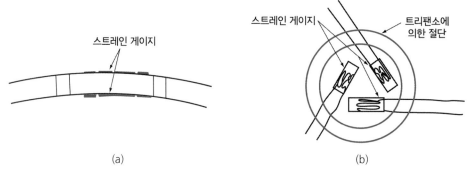

(a)   (b)

그림 3.6 스트레인 게이지에 의한 응력 측정

[2] 국부 이완법에 의한 측정

응력이 잔류하는 물체의 일부에 작은 구멍을 뚫어 잔류응력을 부분적으로 해방시키면 주위 부분이 다소 변형된다. 변형 게이지를 120° 간격으로 배치하여 구멍 뚫기 전후에 있어서 응력값을 가지고 탄성 이론식을 이용해 계산한다.

01 잔류응력이 제품에 미치는 영향에 대해 쓰시오.

02 자유 맞대기 용접 이음 각 부의 온도와 응력 변화를 그리고 설명하시오.

03 T 이음에서의 잔류응력 분포를 그리고 설명하시오.

04 맞대기 용접의 결함에 따른 응력 분포를 그리고 설명하시오.

05 잔류응력을 경감하는 방법을 쓰시오.

06 예열의 목적을 쓰시오.

07 잔류응력을 완화시키는 방법을 쓰고 설명하시오.

08 노내 응력제거 풀림법(furnace stress relief)에 대해 설명하시오.

09 저온응력 완화법(low-temperature stress relief)에 대해 설명하시오.

10 잔류응력 측정법으로 정성적인 방법과 정량적인 방법의 종류를 쓰시오.

학습 4 　용접 입열과 열영향

4-1. 용접 입열 및 용접부의 온도 분포

> **학습 목표** ● 용접 입열 및 용접부의 온도 분포를 알 수 있도록 한다.

[1] 용접 입열

금속을 용접한 경우 용접부는 용접 금속(weld metal)과 열영향부(heat affected zone, HAZ)가 생긴다.

용접 금속은 용융점 이상으로 가열되어 녹고, 다시 응고한 부분이며, 주조 조직과 같은 수지상 조직을 나타낸다. 용융 용접에서는 대기 중의 가스와 용가재에 의한 영향을 많이 받고, 용가재(filler metal)가 용착된 것이므로 이 부분을 용착 금속(deposited metal)이라고도 한다.

열영향부는 결정립의 조대화가 생기고 열영향부와 용접 금속 경계를 용접 본드(weld bond)라 하는데, 이 영역은 천이 영역(transition region)으로 기계적 성질에 큰 영향을 미친다.

용접부 외부에서 주어진 열량을 용접 입열(welding heat input)이라 한다. 아크 용접에서 아크가 용접의 단위 길이당 발생하는 전기적 열에너지(H)는

$$H = \frac{60 \cdot E \cdot I}{v} \left[\frac{\text{J}}{\text{cm}} \right]$$

로 주어진다. 여기서 E는 아크 전압 [V], I는 아크 전류 [A], v는 용접 속도 [cm/min]이다.

또한, 전기적 에너지 외에 플럭스의 화학적 에너지에 의한 발열도 있으며, 전기적 에너지에 비하여 작으므로 고려하지 않는 것이 보통이다. 또 아크열은 통상 용접봉이 녹은 용적슬래그 또는 아크플라스마라고 하는 고온 가스류를 매체로 하여 모재에 운반되지만, 그중 어떤 것은 대기 중에 복사열이나 대류 등으로도 잃는다. 따라서 실제로 용접에 주어지는 열량은 그중 일부이며, 이것을 열효율(heat efficiency)이라 한다.

지금 열효율을 η라 하면, 위의 용접 입열(H)는 엄밀하게는 $H = E \cdot I \cdot t \cdot \eta$로 표시된다.

한편 저항 용접에서의 용접 입열(H)는

$$H = I^2 \cdot R \cdot t \cdot k$$

로 주어진다. 여기서 R은 용접 재료 간의 접촉 저항, I는 전류 [A]이며, t는 통전 시간, k는 손실계수이다.

[2] 용접부의 온도 분포

아크 용접에서 순간적으로 큰 열원이 주어지면 그 열원을 중심으로 시간의 경과와 함께 모재에 온도 구배(temperature gradient)가 생기게 된다.

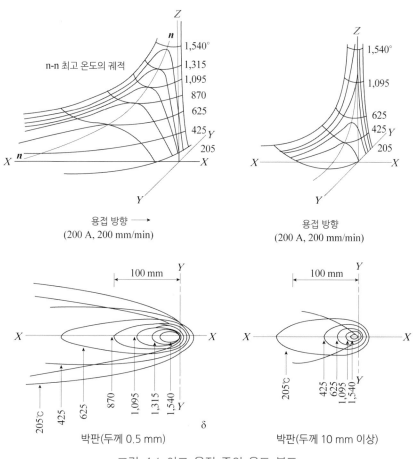

그림 4.1 아크 용접 중의 온도 분포

그림 4.1은 모재 위에 용접 비드(weld bead)를 놓은 경우의 온도 분포를 표시한 것이며, 이 그림은 열원의 위치에서 본 경우의 온도 분포 상태를 표시하고 있다. 즉, 등온선으로 나타낸 최고 온도 궤적이 용접 열원 근처에서 경사도가 심해짐을 알 수 있다. 오른쪽 그림은 비교적 두꺼운 판의 온도 분포이며, 같은 용접 조건에서도 판두께 방향으로 열류가 보다 더 빨리 전해지고 있다. 그림에서 용접 조건이 같은 경우는 후판보다 박판 쪽에 생긴 열영향부의 폭이 매우 넓어지는 것을 알 수 있다.

아크 용접에서 용접 모재에 축적된 열에너지는 일부는 대류나 복사로 대기 중에서 잃게 되지만, 대부분은 이와 같이 넓고 차가운 모재의 좌우 및 판두께의 방향으로 열류로 되어 전도한다. 따라서 그림 4.1과 같은 온도 분포는 보통의 열전도와 같은 이론 계산으로 구할 수 있다. 마찬가지로 열사이클이나 냉각 속도도 구할 수 있다. 그러나 용접의 경우는 현상이 복잡하며, 매우 짧은 시간 내에 국부적 변화가 생기기 때문에 실제의 계산에서는 여러 가지 가정을 둔다. 예컨대, 대부분의 경우 열원과 점열원으로 하고 있지만, 실제의 열원은 어떤 크기를 가지고 있으므로 열원에서 어느 정도 떨어진 곳의 온도 분포가 아니면 잘 맞지 않는다.

또 용접 비드의 시작이나 끝 등의 이른바 비정상(등온선이 형을 바꾸지 않고 일정한 상태로 이동하는 상태를 준정상, 그렇지 않은 경우를 비정상이라 한다.)의 부분도 계산이 곤란하다. 또 이론 계산에서 가장 중요한 열전도나 비열, 밀도 등의 정수는 온도에 따라서 매우 변화하지만, 이들을 온도의 함수로 풀기 어려워지므로 편의상 어떤 온도 범위의 평균값을 취하여 계산하고 있다.

4-2. 용접 열영향부의 열사이클 및 냉각 속도

> 학습 목표 • 용접 열영향부의 열사이클 및 냉각 속도를 알 수 있도록 한다.

[1] 용접 열영향부의 열사이클

열영향부의 열사이클(weld thermal cycle)에 중요한 인자는 1) 가열 속도, 2) 최고 가열 온도, 3) 최고 온도에서의 유지 시간, 4) 냉각 속도 등이며, 이들은 계산으로도 구할 수 있지만 직접 실측하는 경우도 있다.

아크 용접에서 열사이클은 보통 4~5초의 짧은 시간에 급열되어 냉각되기 때문에 용접의 야금적 현상이 복잡하게 된다. 그림은 판두께 20 mm의 저탄소강 모재에 지름 4 mm 연강 피복봉으로 비드 용접했을 때 열영향부의 열사이클 곡선을 나타낸다.

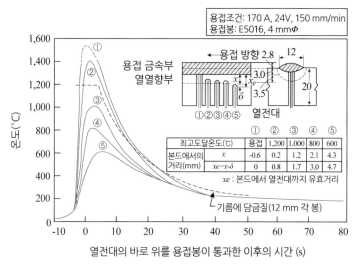

그림 4.2 강 용접에서 열전대 위치에 따른 열사이클 분포

시간은 온도 계측 위치의 바로 위, 아크가 통과하는 순간을 $t = 0$으로 한다. 본드부에서는 수 초 사이에 융점(melting point)에 도달하여 2~3초 사이에 용융 상태에 있으며, 그 후 수십 초 사이에 500℃까지 냉각되어 약 1분 후에는 200℃ 정도까지 냉각한다. 대부분의 금속은 급랭되면 열영향부가 경화되고, 이음 성능에 나쁜 영향을 주게 된다. 온도 구배의 대소는 용접 이음의 모양과 재료에 따라 다르며, 냉각 속도(cooling rate)도 다르게 된다. 냉각 속도는 같은 열량을 주었다고 하더라도 확산되는 방향이 많을수록 커진다. 얇은 판보다 두꺼운 판의 냉각 속도가 커지며, 평판이음보다 모서리 이음이나 T형, +자형 이음 때가 냉각 속도가 커지게 된다. 냉각 속도가 커지므로 응

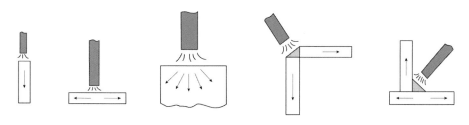

그림 4.3 용접 이음부 형상과 열전도 방향

력이나 변형이 커지게 된다. 냉각 속도를 완만하게 하고, 급랭을 방지하는 방법으로 예열을 들 수가 있다. 일반적으로 열이 전달되는 정도를 표시하는 것을 열전도율(heat conductivity)이라 하는데, 열전도율이 클수록 냉각 속도가 크게 된다.

[2] 열영향부의 냉각 속도

탄소강이나 저합금강 등에서 열영향부 중 가장 가열 온도가 높은 영역(약 1,200℃ 이상)은 조립화 및 경화되기 쉽고, 용접 균열이나 기계적 성질이 저하할 염려가 있는 것으로 알려져 있다. 또 스테인리스강이나 Al 합금, Ni 합금 등 많은 비철 합금에서 고온 가열 영역은 조립화 또는 냉각 조건에 따라서 석출에 의한 취성화 등이 생긴다. 따라서 용접에서는 고온 가열 영역에서의 냉각 속도가 열영향부의 재질 저하에 어떻게 영향을 미치는가를 알고, 용접 결함과의 관련성을 표시하기 위하여 여러 가지로 실측되고 있다.

열영향부의 냉각 속도는 같은 재료에 대해서도 열영향부에서의 측정 위치와 용접 입열, 판두께, 이음 형상, 용접 개시 직전의 모재의 온도 등에 따라 현저하게 다르다.

충분히 긴 용접 비드의 중앙부는 열적으로는 준정상이며, 어느 부분을 취하여도 그 열사이클은 변하지 않지만, 용접 비드의 시작과 끝 또는 아주 짧은 비드는 비정상이며, 복잡하기 때문에 일반적으로는 측정되기 어렵다.

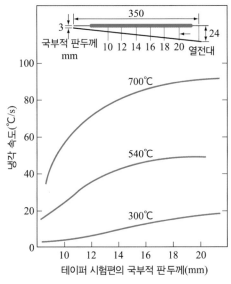

그림 4.4 판두께와 냉각 속도의 관계(170 A, 28 V, 270 mm/min, φ 4 mm)

또 냉각 속도를 표시하는 경우 편의상 열사이클 곡선의 구배로 표시하고 있다. 철강의 용접에서는 보통 700℃, 540℃ 및 300℃를 통과하는 냉각 속도의 값(℃/s)을 취하고 있다. 이 중 540℃는 철강의 변태조직량이나 경도 등이 이 범위의 값으로 대략 결정되므로 가장 많이 사용되고 있다. 300℃에서의 값은 영국의 Cottrell 등에 따라 많이 사용되고 있는 값이며, 특히 저온 균열과의 관련을 중시하는 경우에 유효하다고 한다. γ계 스테인리스강이나 Ni계 합금 등의 내열합금에서는 700℃ 정도의 비교적 높은 값이 중요하며, 많은 비철 합금에서는 재결정 온도 부근에서의 값을 대신하고 있다.

1. 모재 치수 및 판두께의 영향

재질과 모재의 크기가 다르면 냉각 속도도 다르며, 같은 조건에서 용접 비드를 놓아도 열영향부의 냉각 조건이 다르게 된다. 예컨대, 탄소강이나 저합금강 등 열전도도가 작은 재료에서는 판두께 20 mm 정도의 경우에 100 mm 이하 길이의 용접 비드를 놓는 한, 540℃에서의 냉각 속도는 최저 75×200 mm 정도 크기의 시험판으로 측정하면 이것을 그대로 실제적으로 적용할 수 있다. 단, 300℃ 정도 이하에서의 냉각 상황이나 용접 입열의 대소 또는 예열의 유무 등에 따라서 150×300 mm 정도 큰 것이 사용되고 있다.

시험판의 크기가 일정한 경우 냉각 속도는 판두께에 따라 영향을 받고, 판두께와 함께 냉각 속도는 증가한다. 그러나 판두께가 25 mm 이상으로 되면 그 이상 판두께가 증가하여도 냉각 속도는 그다지 변하지 않는다. 판두께에 따라서 냉각 속도가 변화하는 것을 이용하여 용접선 방향으로 두께를 경사시킨 테이퍼 시험편이 고안되어, 열영향부의 경도 측정이 행해지고 있다. 이 시험편을 사용하면 용접 입열 등을 여러 가지로 바꾸어도 같은 변화를 1개의 용접 비드에서 간단하게 구할 수 있다.

2. 모재 온도의 영향

모재 초기 온도가 높을수록 열사이클은 완만하게 되고 냉각 속도는 감소한다. 예열은 600℃ 정도 이하의 비교적 낮은 온도 범위에서 냉각 속도를 매우 작게 하는 효과가 있다. 용접 직전에 모재를 미리 가열하는 것은, 특히 경화하여 균열 등의 결함이 생기기 쉬운 재료, 예컨대 고탄소강이나 저합금강 등의 냉각 속도를 경감하는 수단으로서 매우 중요하다.

또한 일반적으로 용접성이 좋다고 생각되는 연강도 두께 약 25 mm 이상의 두꺼운 판이 되면 급랭되기 때문에, 또 합금 성분을 포함한 강 등은 경화성이 크기 때문에 열영향부가 경화하여 비드 밑 균열(under bead cracking) 등을 일으키기 쉽다. 이러한 경우에는 재질에 따라 50∼350℃ 정도로 홈(groove)을 예열하고, 냉각 속도를 느리게 하여 용접할 필요가 있다.

연강이라도 기온이 0℃ 이하로 떨어지면 저온 균열을 일으키기 쉬우므로 용접 이음의 양쪽 약 100 mm 너비를 약 40∼70℃로 예열하는 것이 좋다. 또 주철과 고급 내열 합금(Ni기 또는 Co기)에서도 용접 균열을 방지하기 위하여 예열시켜야 한다.

일반적으로 고탄소강, 저합금강, 주철은 50∼350℃로 예열하고, 다층 용접의 경우 제2층 이후는 예열을 생략해도 괜찮다. 하지만 주물, 내열 합금은 예외로 예열을 해야 한다. 후판, 알루미늄 합금, 구리 및 구리 합금은 200∼400℃로 예열한다.

예열에는 일반적으로 산소-아세틸렌, 산소-프로판 또는 도시가스, 전기 저항열 등을 이용하여 가열하며, 용접 제품이 작을 때에는 전기로 또는 가스로 안에 넣어서 예열하는 경우도 있다.

예열 온도의 측정에는 표면 온도 측정용 열전대(thermocouple)로 온도를 측정하는 방법도 있으나, 측온 초크(chalk)를 이용하여 측정하는 방법이 이용되었다. 그러나 최근에는 레이저 온도 측정계가 개발되면서 많이 사용하고 있는 추세이다.

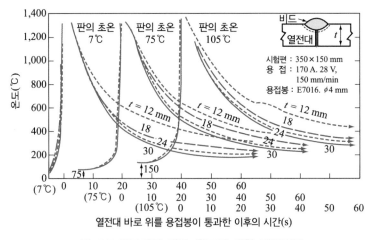

그림 4.5 판두께와 예열 온도에 대한 열사이클

3. 용접 입열의 영향

열영향부의 냉각 속도에 영향을 미치는 용접 조건에는 용접 전류, 아크 전압 및 용접 속도 등을 들 수 있다. 이 중 다른 조건이 같은 경우에는 용접 전류가 낮을수록, 용접 속도가 클수록 냉각 속도는 증가한다. 용접 조건의 영향은 용접 입열에 따라 다른데, 같은 용접 입열의 경우에는 처음 층의 냉각 속도가 최종 층보다 빠르며, 평판보다 필릿인 경우 냉각 속도가 빠르게 된다.

용접법에 따라서도 달라지는데, 가스 용접에서는 아크 용접에 비해 열의 집중이 적으므로 용접부 전체의 가열 온도 범위가 넓어지고, 냉각 속도는 아크 용접보다 훨씬 작아진다.

일렉트로 슬래그 용접과 같은 용접 입열이 큰 용접에서는 냉각 속도가 더 작아진다. 저항용접에서는 반대로 냉각 속도가 커진다. 저항 용접에서는 판두께가 작은 쪽이 냉각 속도가 빨라지는데, 이는 열이 전극에서 전도되어 잃어버리기 때문이다.

강의 대표적 용접법에 있어서 열영향부가 임계 온도(약 700~800℃) 부근까지 냉각하는 속도는 다음과 같다.

가스 용접 : 30~110℃/min(0.5~2℃/sec)

아크 용접 : 110~5600℃/min(2~100℃/sec)

점 용접 : 2800~44800℃/min(50~800℃/sec)

4. 용접 열영향부의 경도

강의 용접 열영향부는 여러 가지 조직을 나타내므로 경도도 여러 가지로 변한다. 그림 4.6은 강의 용접 열영향부 단면의 경도 분포이다. 용접 금속에 근접한 조립역에서 경도는 최고의 값을 나타내고, 멀어짐에 따라서 점점 모재의 값에 가까워진다. 저탄소강에서는 냉각 속도가 상당히 빨라도 마르텐사이트의 생성이 적으므로 그다지 단단하지 않지만, 고장력강이나 고탄소강에서는 경도의 증가가 현저하다.

본드 부근의 최고값을 용접 열영향부의 최고 경도(H_{max})라 하고, 강의 용접성을 판정하는 중요한 값으로 한다. 이 H_{max}가 높은 것은 마르텐사이트가 많은 것을 의미하므로, 이 값에서 균열이나 연성 저하를 예측할 수 있다. 물론 경도만으로 강의 용접성의 가부를 결정할 수는 없지만, 어느 것이나 H_{max}를 낮게 하는 것은 용접열영향부의 성질을 개선하기 위해서는 바람직한 일이다.

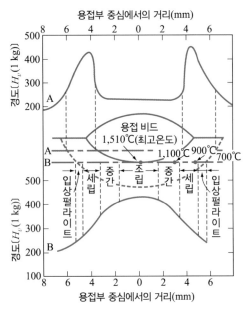

그림 4.6 고장력강의 용접 열영향부의 경도 분포

5. 열영향부의 취화

용접 열영향부는 여러 가지 열사이클을 받으므로 용접 재료의 종류에 따라서는 연성, 인성 또는 내식성 등이 현저하게 저하하는 경우가 있다. 이런 재질의 저하는 용접 열영향부의 취성화(embrittlement)로 알려져 있고, 이것에는 경화나 조립 취성화, 석출 취성화 외에 강에서는 수소 취성화나 흑연화 등이 있다.

일반적으로 저탄소강의 용접부 중심에서부터 충격치 변화는 그림 4.7과 같으며, 본드에 접근한 부분과 비교적 저온의 열영향을 받은 부분의 천이 온도가 상승한다. 본드에 접근한 영역을 조립역의 취성화라 하고, 열영향부를 취성화 영역이라고 한다. 조립역은 본드에 근접한 용접부 끝의 기하학적 불연속 부분에 해당하므로 야금적 취성화와 역학적 취성화가 중첩하고 있다고 할 수 있다. 이 영역은 주로 담금질 경화와 조립화로서 인성이 모재에 비하여 저하한다.

탄소강이나 저합금강 등에서는 냉각 속도가 증가할수록 마르텐사이트 양이 많아지고 현저하게 경화한다. 그러나 같은 마르텐사이트는 M_s 점이 비교적 높으므로, 용접열사이클 냉각 과정에서 그 M_s 점 이하의 온도에서 뜨임되어 인성이 개선되는 것이다.

이 현상을 Q템퍼(Q tempering)라 한다. 따라서 C량이 낮은 저합금강 등에서는 냉각 속도가 증가하여 마르텐사이트 양이 증가하여도 노치 인성의 저하는 그다지 나타나지 않는다. 보통의 마르텐사이트, 즉 고탄소 마르텐사이트는 M_s점이 낮고, 일반적으로 냉각 중에 뜨임되지 않으므로 고탄소계의 강재에서는 마르텐사이트 양의 증가에 비례하여 용접 열영향부의 취성화는 현저하게 된다.

한편 취성화 영역에서 인성의 저하는 저탄소강에 대하여 잘 알려져 있으며, 이 부분은 A_1점 이하로 가열된 곳이므로 광학 현미경으로는 어떤 조직 변화도 나타나지 않는다. 이 취성화의 원인은 석출 경화와 변형 시효의 중첩 효과에 의한 것이며, 강 중의 C, O, N가 영향을 미치고 있다.

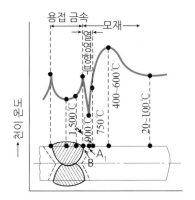

그림 4.7 용접부의 천이 온도의 분포

01 아크 용접에서 전기적 열에너지에 관한 관계식을 쓰고 설명하시오.

02 강 용접에서 열전대 위치에 따른 열사이클 분포와 기름에 의한 담금질 분포를 그리고 설명하시오.

03 용접 이음부 형상과 열전도 방향에 대하여 설명하시오.

04 연강이라도 기온이 0℃ 이하일 경우 예열온도 범위를 쓰시오.

05 고탄소강, 저합금강, 주철 용접 시 예열온도 범위를 쓰시오.

06 알루미늄 합금, 구리 및 구리 합금 용접 시 예열온도 범위를 쓰시오.

07 고장력강의 용접 열영향부의 경도 분포를 그리고 설명하시오.

08 예열을 위한 가열 장치와 방법에 대하여 설명하시오.

09 용접부의 천이 온도의 분포를 그리고 설명하시오.

10 강의 대표적 용접법에 있어서 열영향부가 임계 온도(약 700∼800℃) 부근까지 냉각하는 속도는 얼마인가?

　　(1) 가스 용접 :

　　(2) 아크 용접 :

　　(3) 점 용접 :

학습 5 용접 균열

5-1. 용접 균열의 발생 원인 및 종류

> 학습 목표　　•용접 균열의 발생 원인 및 종류를 알 수 있도록 한다.

[1] 용접 균열의 발생 원인

용접 결함 중 균열은 발생 시기, 발생 위치, 발생 방향, 발생 형태, 발생 원인 등에 의하여 그 유형을 달리하며, 균열은 용접 금속의 응고 직후에 발생하는 고온 균열과 약 300℃ 이하로 냉각된 후에 발생하는 저온 균열이 있다.

또한 부재 내부의 잔류응력과 외부의 구속력에 의한 균열, 재질의 성분과 개재물에 의한 균열 등이 있는데, 가장 대표적인 발생 요인으로는 수소(H_2)를 들 수 있다. 근본적으로 균열(crack)은 용접부에 발생하는 응력이 용접부의 강도보다 커질 때 발생되며, 재료의 불량, 뒤틀림, 피로, 노치, 외부의 구속력 등에 의하여 한층 심화된다.

이러한 균열은 용접부에 발생하는 결함 중 가장 치명적인 것으로, 아무리 작은 균열이라도 점점 성장하여 마침내는 용접 구조물의 파괴 원인이 된다.

이와 같은 용접 균열은 용접에 따르는 재질의 변화, 즉 야금학적 원인과 응력의 발생 등 역학적 요인에 관련하여 생기기 때문에 균열 현상의 규명에는 야금, 역학의 상호 지식을 필요로 한다.

[2] 용접 균열의 종류

용접 균열은 발생하는 부위에 따라 용접 금속 균열(weld metal cracking)과 열영향부 균열 또는 모재 균열(HAZ or base metal cracking)로 대별된다. 보통은 그 발생 장소 외에 형상이나 원인별로 분류된다.

용접 금속 균열은 주로 응고 시 수축 응력에 기인하는 것이며, 비드의 가로 방향 수축 응력으로 인해 발생하는 세로 균열(longitudinal cracking), 세로 응력으로 인해 발생하는 가로 균열(transverse cracking), 양자를 혼합한 반달모양 균열(arched cracking)이 있다. 크레이터 균열은 크레이터(crater)의 급랭과 특이한 형상에 원인하는 것이며, 세로, 가로 및 별모양 균열(star cracking)이 있다.

열영향부 균열의 대부분은 열영향부의 조립화와 급랭에 의한 경화로 인해 발생하므로, 고장력강이나 저합금강 등의 경화하기 쉬운 것에 많다. 자경성이 현저한 저합금강에서는 비드 밑 균열(bead under cracking)이나 토우 균열(toe cracking)이 생기기 쉽다. 또 내열합금에서는 조립계의 노치에 원인하는 노치 균열(notch extension cracking)이 잘 나타난다.

이상의 균열은 육안(eye check) 또는 염료 침투 시험이나 자기 탐상(magnetic inspection) 등으로 검출되며, 이런 것을 일반적으로 매크로 균열(macro cracking)이라 한다.

이것에 대하여 현미경으로 검출되는 균열을 마이크로 균열이라 한다. 저탄소강의 용접 금속 중에 생기는 마이크로 균열(micro fissure)이나 Al 합금에 많이 나타나는 공정용해 균열 등이 그 예이다. 이 외에 S의 편석이 많은 강재의 용접부에 나타나는 유황균열(sulfur cracking) 등이 있다.

용접 균열은 그 발생 시기에 따라 고온 균열(hot cracking)과 저온 균열(cold cracking)로 구분된다. 고온 균열은 용접부가 고온으로 있을 때 발생한 균열이며, 주로 결정 입계에 생기고, 표면에 산화가 심하다. 이것에 대하여 저온 균열은 결정입내, 입계의 구별이 생기고, 표면에 산화가 적다. 예컨대, 크레이터 균열은 고온 균열이며, 비드 밑 균열은 전형적인 저온 균열이다. 그러나 그 발생 온도 범위에 대해서는 매우 애매하며, 엄밀하게 구별하기가 어렵다. 경험적으로 저온 균열은 강의 마르텐사이트 변태에 관련하므로 탄소강이나 저합금강에서 많이 생기고, γ계 스테인리스강이나 Al 합금 등에 생기는 균열은 대부분 고온 균열이다.

고온 균열은 고상선 온도 이상에서 생긴다 하여 응고 균열이라 하며, 고상선 부근 온도에서 결정입계의 잔류응력으로 생긴다.

고상선 온도 이하에서는 변형시효 균열로 냉각 중이나 용접 후 열처리 등에서 발생한다.

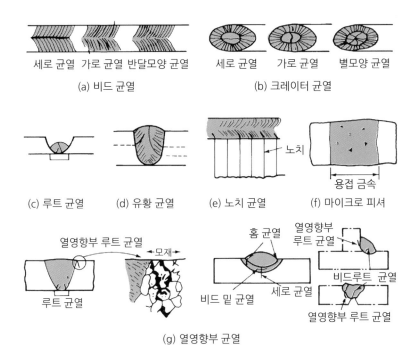

세로 균열　가로 균열 반달모양 균열

(a) 비드 균열

세로 균열　가로 균열　별모양 균열

(b) 크레이터 균열

(c) 루트 균열　(d) 유황 균열　(e) 노치 균열　(f) 마이크로 피셔

노치

용접 금속

열영향부 루트 균열

모재

루트 균열

홈 균열

열영향부
루트 균열

비드 밑 균열　세로 균열

비드루트 균열

열영향부 루트 균열

(g) 열영향부 균열

그림 5.1 용접 균열의 종류

1. 용접 균열의 종류와 발생 원인

(1) 용접 균열의 종류

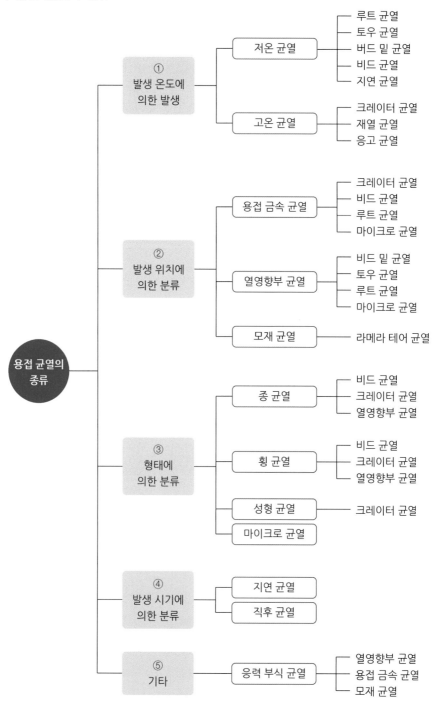

(2) 용접 균열

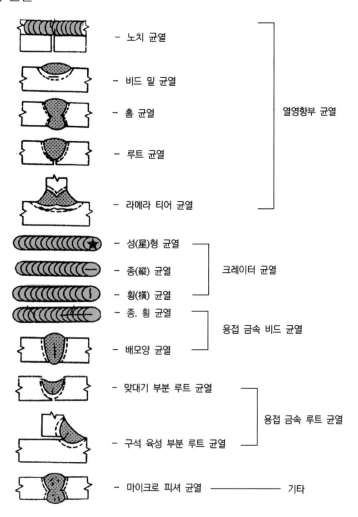

- 노치 균열
- 비드 밑 균열
- 홈 균열
- 루트 균열
- 라메라 티어 균열

열영향부 균열

- 성(星)형 균열
- 종(縱) 균열
- 횡(橫) 균열

크레이터 균열

- 종, 횡 균열
- 배모양 균열

용접 금속 비드 균열

- 맞대기 부분 루트 균열
- 구석 육성 부분 루트 균열

용접 금속 루트 균열

- 마이크로 피셔 균열 ──────── 기타

01 용접 균열의 발생 원인에 대하여 설명하시오.

02 자경성이 현저한 저합금강에서 나타나기 쉬운 균열을 쓰시오.

03 발생하는 부위에 따른 용접 균열의 종류 3가지를 쓰시오.

04 발생하는 온도에 따른 용접 균열의 종류 2가지를 쓰시오.

05 발생하는 형태에 따른 용접 균열의 종류 4가지를 쓰시오.

06 저온 균열의 종류 5가지를 쓰시오.

07 고온 균열의 종류 3가지를 쓰시오.

08 용접 금속 균열(weld metal cracking)의 종류 4가지를 쓰시오.

09 열영향부 균열의 종류 4가지를 쓰시오.

10 대표적 모재 균열(HAZ or base metal cracking)을 쓰시오.

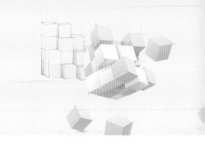

학습 6 용접 시공

6-1. 용접 시공 관리 및 계획

학습 목표   • 용접 시공 관리 및 계획을 알 수 있도록 한다.

[1] 용접 시공 관리

용접 시공(weld procedure)은 설계서 및 사양서에 따라 요구하는 이음의 품질을 고능률 구조물로 제작하는 방법으로, 각종 용접 방법을 유용하게 이용하여 구조물 및 그 부재에 고유의 기능과 목적에 알맞는 특성을 갖도록 제작될 수 있어야 한다. 따라서 용접 시공은 기술관리, 품질관리, 공정관리, 능률관리, 안전관리, 원가관리 등의 용접

에 관련된 각종 관리를 총괄적으로 고찰하여 결정하여야 하므로, 설계자는 시공에 관한 충분한 지식을 가져야 하며, 최신 용접 기술 및 시공기술을 습득해야 한다.

1. 시공 관리의 정의

용접 구조물의 설계도에 따라 조립 순서, 용접 공사량, 설비 능력, 소요 인원 등의 전체 공정을 계획하여 상세한 용접 시공 계획을 세울 때는, 다음과 같은 특성을 충분히 고려해야 할 필요가 있다.

(1) 용접 구조물의 품질을 지배하는 것은 구조 설계 및 재료 선택을 포함하는 용접 시공이므로 용접 시공의 중요성이 대단히 크다.

(2) 사람, 기계, 재료, 작업 방법이라고 하는 4M의 요소가 각각 완전하게 관리됨으로써 정상적인 생산관리가 된다. 용접 시공의 계획 및 관리에 있어서도 4M의 요소가 완전히 균형이 이루어져야 한다.

(3) 제품의 용접 품질에 미치는 인자가 많을 뿐만 아니라 복잡하기 때문에 용접 시공법을 결정하는 기준의 설정이 어려우므로, 용접기술자의 경험과 지식에 맡겨야 하는 것도 많다.

또한 관리가 잘 되어 있다고 하는 상태는 다음과 같다.

(1) 정확한 계획

(2) 계획의 실시

(3) 실시된 결과를 확인

(4) 확인된 결과가 나쁘면 수정

(5) 이상의 동작을 최초의 계획과 비교하여 수정을 요하는 부분이 있으면 계획을 변경하고 재차 그 계획을 실시

2. 설계 품질과 제조 품질

품질은 설계 품질과 제조 품질로 구별된다. 설계 품질이란 고객이 요구하는 제품을 만들어 내는 제조자의 목표라고 할 수 있다.

설계 품질이 구비해야 할 조건은 그 제품의 기능이 매수자의 요구에 맞춰져야 하기 때문에 설계자는 공장의 공정 능력(현장의 공작정도 능력, 작업 속도, 용접사의 기량 등)을 충분히 파악한 다음 설계해야 한다.

용접 구조물을 제작하기 위한 설계 품질에는 다음과 같은 것들이 있다.

(1) 용접 이음의 강도, 연신율, 인성, 경도, 피로강도 등의 기계적 성질

(2) 화학 조성, 결정립의 크기

(3) 내식성, 내후성

(4) 용접 이음의 형상 및 치수

(5) 용접 이음의 내부 결함 및 허용 범위

(6) 용접 시공의 비용

(7) 용접 시공의 공기

이와 같은 사항들은 용접 시공 과정에서 공해의 발생을 예방할 수 있어야 하며, 사용자의 안전과 위생에 대한 문제도 있어야 한다.

품질관리(QC)라고 하는 것은 제조 품질을 허용된 범위 내에서 얼마나 좋게 만들었는지를 관리하는 것이다. 즉, 고객의 요구에 맞는 품질의 제품을 경제적으로 만들어내는 방법의 체계라 할 수 있다.

일반적으로 방법의 체계는 제조상 여러 요소에 관련되는 것으로 다음과 같이 볼 수 있다.

(1) 용접관리 체계

용접은 제품의 수준에서 납품에 이르는 생산 공정의 하나로 그림과 같은 관리체계 중에서는 생산관리의 한 분야이다.

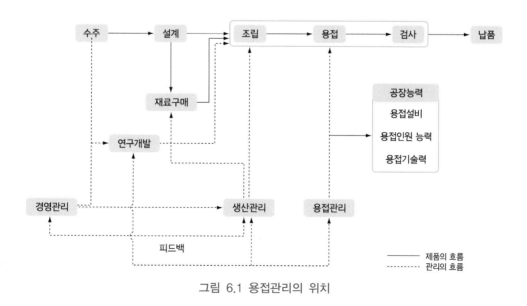

그림 6.1 용접관리의 위치

일반적으로 용접관리는 생산관리와 연구개발관리를 포함하고 있으며, 생산관리와 연구개발관리는 경영관리를 구성하는 하나의 요소이다. 그러므로 용접관리를 실시하기 위해서는 경영관리에 관한 이해도 필요하다.

실제의 생산공장에서의 용접관리 체계는 경영 방침과 목표가 제시되어 각 부문에 목표가 세분되어 용접에 관한 목표도 설정된다. 이 경우 목표는 생산성과 품질에 대한 것을 나타내고 있다. 따라서 생산성과 품질상의 목표를 달성하기 위해서는 관리 대상이 되는 공정, 시공, 재료, 비용, 설비, 기능자의 기량, 기술 등에 대하여 계획을 세워 명령, 실시, 정보수집, 분석 등의 관리활동을 해야 한다. 이와 같은 각각의 관리 대상에 대한 활동을 개별관리라고도 본다.

[2] 용접 시공 계획

용접 설계나 사양서가 부적당하면 용접 시공이 매우 곤란하게 되어 그 성공을 기대하기 힘들다. 따라서 용접 설계자는 시공에 관하여 충분히 이해함과 동시에 최선의 용접 기술과 시공 방법을 항상 익혀두어야 한다. 용접 구조물의 제작은 다음과 같은 과정으로 이루어진다. 단, ( )는 생략될 수도 있다.

계획 → 설계 → 제작도 → 재료 조정, 시험(교정) → 현도 작업 → 마킹 → 재료 절단 → (변형 교정) → 홈가공 → 조립 → 가접 → (예열) → 용접 → (열처리) → (변형 교정) → 다듬질 → 검사 → (가조립) → (도장) → 수송 → 현장 설치 → 현장 용접 → 검사 → (도장) → 준공 → 검사

용접 공사를 능률적으로 하여 양호한 제품을 얻기 위해서는 공정, 설비, 자재, 시공 순서, 준비, 사후 처리, 작업관리 등에 알맞는 시공 계획을 세워야 한다.

1. 작업 공정 설정

일반적으로 용접의 공사량과 설비 능력을 기본으로 하여 전체의 공정이 결정되고 상세한 용접의 공정계획이 세워지게 된다. 즉, ① 공정표, 산적표를 만들고, ② 공작법을 결정하고, ③ 인원 배치표 및 가공표를 만든다.

공정표에는 완성예정일, 재료 및 주요 부품의 구매 시기를 표시하고, 작업 구분별로 공정표를 모아서 용접 소요공수의 산적표를 만들어, 가능한 산적이 평탄하게 되도록 공사량의 평균화를 도모한다. 이후 각 구조의 설계도에 따라 상세한 공작법을 세운다.

여기에는 가스 절단의 조건과 용접홈 및 용접 조건의 결정, 용접법의 선택, 용접 순서의 결정, 변형제거 방법의 선정 및 열처리 방법의 결정이 필요하다.

　　최후에 각 구조물의 블록별 인원 배정표를 만든다. 이것은 설비 능력을 고려하고 공사 중 필요 인원의 변동이 적도록 조립 관계자와 상호 협의할 필요가 있다. 그림 6.2에 용접 품질보증을 위한 특성 요인을 나타냈는데, 그림에서와 같이 종합적인 관리가 필요하다.

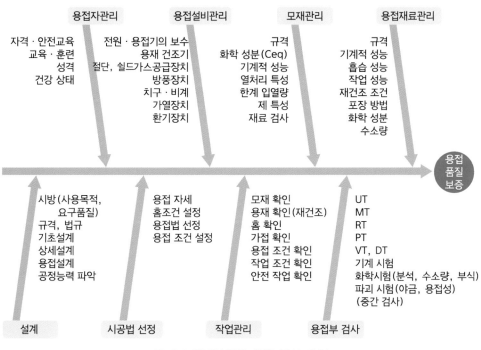

그림 6.2 품질보증을 위한 특성 요인도

2. 설비계획

　　구조물을 용접으로 조립 생산할 때는 공장설비를 용접 시공에 적절하게 시설해야 한다.

　　대량생산은 물론이고 최소 한도의 경우에도 가능한 자동화시킬 필요가 있다. 흐름작업(flow process)이 비교적 곤란한 조선소에서는 부분 조립(소조립)과 대조립의 흐름 공정을 가진다.

　　용접공장에서 설비로서 중요한 것은 용접 구조물의 구성 부재의 반입과 용접 후 제품의 반출이 가능한 운반 설비, 수평 정도가 좋은 정반, 용접장치, 절단장치, 그라인더 등의 설비와 치공구류이다.

설비계획에서 중요한 것은 다음과 같다.

(1) 공장은 과밀되지 않는 적당한 넓이여야 한다.

(2) 일련의 공정(부재반입 → 조립 → 용접 → 검사 → 교정 → 도장 → 반출)을 무리없이 수행할 수 있는 컨베이어 설비 또는 작업 공정별 작업원을 배치한다.

(3) 공장 내의 환경위생면에서의 배려가 필요(자연환기 또는 강제환기 등에 의하여 흄(fume)의 농도를 5 mg/m³ 이하로 한다. 탄산가스, 아르곤 가스를 보호 가스로 이용하여 용접할 경우 산소가 부족하지 않도록 해야 한다)하다.

(4) 용접용(제관용) 정반은 충분한 단면적을 갖도록 해야 하며, 전기적으로는 도체로 하여 용접기의 어스 측에 결선할 수 있도록 한다.

(5) 용접용 2차 케이블 또는 가스 호스 등이 잘 정돈되어 발에 걸리지 않게 한다.

(6) 각종 가스 파이프는 가스 종류에 따라 정해진 색으로 정리하고, 가스 흐름의 방향을 표시해 놓으며, 가스밸브의 위치를 쉽게 찾을 수 있게 한다.

3. 품질보증계획

(1) 제품 책임(product liability)

제조자는 주문자와 협의하여 사양서를 결정함과 동시에 물품 금액, 납입 조건 등을 계약하여 그 계약 범위 내에 품질을 보증하지 않으면 안 된다. 품질보증(quality assurance)을 하기 위해서는 부품 공정 및 최종 제품에 이르기까지 누가 어떻게 관리하여 책임질 수 있을까 하는 품질보증의 체계가 필요하다.

용접의 경우는 용접기술자 능력 및 개성이 명백하여 쉽게 한계를 정할 수가 없지만, 다음과 같은 항목에 대한 책임 또는 관리점을 정하는 것이 좋다.

    (가) 모재 재질의 선정과 구매

    (나) 개선 형상의 선정과 가공

    (다) 용접 재료의 선정 및 검사 방법

    (라) 용접 재료의 보관관리 및 사용관리에 대한 책임

    (마) 용접작업자의 기량관리, 실제 공사에서 작업자의 기록 유무, 품질의 기록, 책임의 판정

    (바) 용접 시공에 대한 기준 선정의 책임

    (사) 용접기의 정비 및 보관 등에 대한 책임

    (아) 공사관리 감독에 대한 책임

    (자) 시험 및 검사에 대한 책임

(2) 품질보증

　(가) 강을 종류별로 색으로 표시

　(나) 가공자, 가접자 및 용접자를 제품에 기명한다.

　(다) 작업자의 작업 능력 및 기량의 정도를 안전모 또는 완장 등으로 표시

　(라) 중요 이음부에 대한 용접자의 기록과 보관

　(마) 비파괴 검사 성적을 개인별로 그래프 또는 표로 나타내고 항상 확인하여 기록한다.

　(바) 표면 및 이면에 대한 굴곡 시험의 실시 및 책임자 기명

　(사) 균열, 용입 불량만을 검사하는 초음파 탐상기의 사용

6-2. 용접 준비 및 본 용접

학습 목표	•용접 준비 및 본 용접을 알 수 있도록 한다.

[1] 용접 준비

1. 일반적 준비

용접 제품의 품질은 사전 준비 여부에 크게 영향을 받는다. 준비 사항으로는 재료, 용접봉, 용접사, 지그, 조립 및 가조립, 용접홈의 가공과 청소 작업 등이 있으며, 준비가 완전하면 용접은 90% 성공한 것으로 볼 수 있다.

(1) 용접 재료

용접은 극히 짧은 시간에 행해지는 야금학적 조작이므로 모재 및 용접봉의 선택이 매우 중요한 문제이다. 따라서 모재의 화학 성분 및 이력을 조사하여 여기에 적당한 용접봉을 사용해야 한다. 만약 모재의 재질을 사전에 제조이력서(mill sheet : 강재 제조번호, 해당 규격, 재료 치수, 화학 성분, 기계적 성질, 열처리 조건 등을 기재) 등으로 확인할 수 없을 경우는 가능한 사전에 화학 분석 및 기계 시험을 하는 것이 바람직하다. 그리고 각종 용접성 확인 시험과 시공법 시험을 해야 한다. 화학 분석을 할 수 없을 때는 간단한 불꽃 검사로서 강의 탄소량을 추정하는 방법도 있다.

(2) 용접사

용접사의 기능과 성격은 용접 결과에 중요한 영향을 미친다. 용접사는 구조물의 중요도에 따라 소정의 검사로 등급을 정해 놓는 것이 좋다.

(3) 용접봉의 선택

용접봉의 선택 기준은 모재의 재질, 제품의 모양, 용접 자세 등 사용 목적에 다음과 같은 점을 고려하여 선택한다.

(가) 용접성(용접한 부분의 기계적 성질)

(나) 작업성(사용하기 쉬운가의 여부)

(다) 경제성(경비)

연강의 용접에서는 용접성은 큰 문제가 되지 않으므로 작업성과 경제성을 고려하는 것이 좋으며, 특수강의 용접에서는 용접성을 가장 먼저 생각하고 작업성과 경제성을 고려하는 것이 좋다.

저수소계 용접봉은 피복제 중의 보호 가스 발생 성분에 유기물을 사용하지 않는 대신 탄산석회($CaCO_3$)를 사용하고 있다. 이것은 아크 분위기에서 CO 가스를 발생한다. 또한 유기물이 거의 없고 수소 가스가 적어 혼입된 수소의 분압을 낮추어 주므로 그림 6.3과 같이 다른 용접봉에 비하여 용착 금속 중의 수소량은 극히 적다.

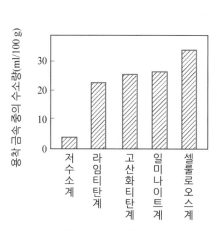

그림 6.3 용착 금속 중의 수소량 비교

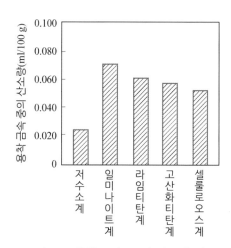

그림 6.4 용착 금속 중의 산소량 비교

그리고 그림 6.4와 같이 용접 금속 중 산소량도 적고 염기성이 높은 피복 성분이므로 내균열성이 우수하며, 충격치가 양호하다. 따라서 내균열성과 높은 노치인성을 필요로 하는 이음에서 반드시 사용해야 할 용접봉이지만, 용접봉이 습기가 차면 용착 금속 중의 수소량이 증가하여 수소에 의한 기공, 은점 등의 용접 결함이 생기기 쉽다. 저수소계뿐만 아니라 다른 용접봉도 일반적으로 습기에 민감하므로 보관하는 장소는 지면보다 높고 건조한 장소를 택하고, 진동이나 하중이 가해지지 않게 해야 한다. 건전한 용접부를 얻기 위해서는 용접봉의 적정한 보관 및 재건조가 중요하나, 용접봉은 제조할 때부터 사용할 때까지 상당 기간 방치하는 경우가 많으므로 흡습되기 쉽다. 일반적으로 용접봉의 종류에 따라 흡습 상태가 다르다.

2. 용접장비의 준비

용접을 시작하기 전에 사양서, 도면을 숙지하여 용접하고자 하는 물체의 모양 및 구조 등을 충분히 이해하고 난 다음, 용접에 필요한 공구 및 기기를 준비한다. 또한 용접기의 정비도 확인한다. 용접용 공구에는 치핑 해머, 와이어 브러시, 정(chisel), 플라이어 등이 있으며, 측정 공구로서는 용접 게이지, 틈새 게이지, 자(scale), 전류계 등이 있다.

공구의 준비가 부족하거나 용접기의 기능이 불량하면 용접불량 및 작업능률이 저하되므로 항상 공구 및 용접기의 정비를 해야 한다. 용접기의 정비 시에는 전류조정 핸들의 기능 상태, 1차 및 2차 케이블의 접속단자 조임 상태 및 절연 등을 항상 점검해야 하며, 용접봉 홀더의 용접봉 물림 상태도 점검하는 것이 좋다.

(1) 용접용 케이블

용접기에 사용되는 전선(cable)에는 전원(교류)에서 용접기까지 연결해 주는 1차 측 케이블과 용접기에서 모재나 홀더까지 연결하는 2차 측 케이블이 있다.

1차 측 케이블은 용접기의 용량이 200, 300 및 400 A일 때는 각각 5.5 mm, 8 mm, 14 mm가 적당하며, 2차 측 케이블은 각각의 단면이 50 mm^2, 60 mm^2 및 80 mm^{2}가 적당하다. 또한 2차 케이블 대신 철판, 스크랩, 파이프, 앵글 등으로 이어나가면 전력의 손실을 초래할 뿐만 아니라, 작업 중 아크가 불안정하게 되어 용접부의 용입이 불량하고 기타 용접 결함이 생기기 쉽다.

그러므로 정규의 접지선을 설치하고 정지판으로 견고하게 피용접물에 조여 놓는 것이 필요하며, 정리정돈을 잘하여 전선에 걸려 넘어지지 않도록 해야 한다.

(2) 정반

고정 정반은 부재의 정밀도 유지 및 변형 방지를 위한 구속을 주목적으로 한다. 소형 구조물에서는 그림 6.5와 같이 판상에 구멍을 뚫고 봉 및 볼트 너트 등으로 고정하는 것이고, 대형 구조물에서는 형강이나 평강을 평행하게 콘크리트 바닥에 고정시킨 조재 정반이나 격자상으로 조립한 격자 정반을 이용한다.

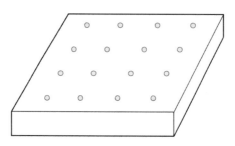

그림 6.5 고정 정반(제관용 정반)

이와 같은 것들은 수평면을 기준으로 하는 수평 정반이지만, 곡면을 기준으로 하는 구조물용으로는 수평 정반상에 다수의 지주를 세운 곡면 정반이 있다. 곡면 정반에서 구조물의 변형 방지 구속법은 부재 위에 중량물을 올려 놓는 방법과 부재를 턴버클(turn buckle) 등으로 인장시켜 기준정반에 고정시키는 방법이 있다.

(3) 용접용 포지셔너

용접은 위보기, 수평 및 수직 자세보다 아래보기 자세로 하는 것이 능률이 향상되고 품질이 양호하게 된다. 이와 같은 목적에 이용되는 것이 용접 포지셔너(welding positioner)이다. 가공물을 회전 테이블에 고정 또는 구속시켜 변형을 적게 하는 방법도 있다. 회전 테이블은 회전할 뿐만 아니라 경사도 어느 정도 가능하므로 용접하기

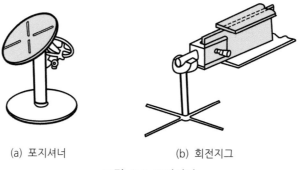

(a) 포지셔너   (b) 회전지그

그림 6.6 포지셔너

가장 쉬운 자세에서 용접할 수 있다. 그림 6.6(a)는 포지셔너를 나타냈고, 그림 6.6(b)는 회전 지그를 나타내었다.

(4) 터닝롤러

터닝롤러(turning roller)도 아래보기 자세의 용접에 의한 능률과 품질의 향상을 위한 목적으로 사용되는데, 대표적 사용에는 그림 6.7(b)와 같이 강관용이 많다. 이것은 터닝롤러에 의한 파이프의 원주 속도와 용접 속도를 같게 조정하여 관의 맞대기 용접 이음부의 내외면 용접을 자동 용접으로 시공할 수 있다.

또한 그림 6.7(a)와 같이 I형 또는 +형의 철골을 원형 지그에 고정하여 터닝롤러에 올려 놓고 아래보기 자세의 용접이 가능하게 한 것도 있다.

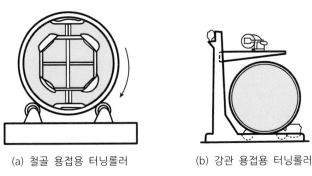

(a) 철골 용접용 터닝롤러　　　(b) 강관 용접용 터닝롤러

그림 6.7 터닝롤러

(5) 용접 매니퓰레이터

용접 능률을 향상시키는 것에는 용접에 의하여 능률을 향상시키는 방법과 용접장치에 의하여 향상시키는 방법이 있다. 용접 매니퓰레이터(welding manipulator)는 후자에 속한다. 이것을 포지셔너나 터닝롤러와 조합시켜 용접을 아래보기 자세화하여 품질의 향상을 얻고자 하는 경우도 있다.

용접 매니퓰레이터는 용접기의 토치를 매니퓰레이터의 빔(beam) 끝에 고정시켜 놓고 직선 용접을 자동 용접으로 시공할 수 있게 한 것이다.

형식에는 파이프의 내면 심(seam)을 용접할 수 있게 만든 프레임형(flame type)과 외면을 용접할 수 있는 아암(arm)형으로 대별된다. 최근에는 양자의 기능을 겸비하거나 컴퓨터에 의한 프로그램으로 용접할 수 있는 고급 매니퓰레이터도 있다.

(6) 지그의 설계

용접 지그(welding jig)는 일반 지그와 같이 장착과 이탈이 간편해야 하고, 대량 생산에서 정밀도가 틀리지 않아야 할 뿐만 아니라, 용접 변형이나 과도한 구속이 생기지 않게 해야 한다. 즉, 용접 후의 수축 여유를 미리 치수에 고려함과 동시에 용접 변형도 지장이 없는 방향으로 하고, 어느 부분에는 미끄럼 운동이 허용되는 조임 방식을 취하도록 하여 조임이 너무 심해 균열이 발생하는 일이 없도록 주의해야 한다.

용접 지그는 작업의 성질에 따라 가접 지그와 본 용접 지그로 구분하여 사용하는 것이 좋다. 전자는 치수의 정확성을 주목적으로 하며, 후자는 모든 용접을 아래보기 자세로 할 수 있도록 회전 지그로 하거나 또는 포지셔너를 지그 겸용으로 하도록 한다. 용접 지그는 용접 구조물을 정확한 치수로 항상 아래보기 자세로 용접, 조립, 가접 및 본 용접을 할 수 있게 고정 또는 구속하는 데 사용하는 기구를 말한다.

일반적으로 지그를 선택하는 기준은 다음과 같다.

① 용접할 물체를 튼튼하게 고정시켜 줄 크기와 힘이 있어야 한다.

② 용접 위치를 유리한 용접 자세로 할 수 있어야 한다.

③ 변형을 막을 수 있게 견고하게 잡을 수 있어야 한다.

④ 용접 물체와의 고정과 분해가 용이해야 한다.

⑤ 용접할 간극을 적당하게 받쳐 주어야 한다.

⑥ 청소에 편리해야 한다.

(가) 가접용 지그

가접용 지그는 부재와 부재를 소정의 위치에 고정시켜 가접(tack weld)하기 위한 것으로, 지그만으로 고정하여 가접 없이 직접 본 용접을 하는 것도 있다.

그림 6.8은 가접용 지그의 사용 예를 나타내었다. 그림 6.8(a)는 맞대기 용접 이음용 가접 지그로서, 양 모재 고정 및 쐐기를 뒷면 받침과 밀착시켜 가접한다.

그림 6.8(b)는 겹치기 용접 이음용 가접 지그로서, 양 모재를 쐐기로 밀착시켜

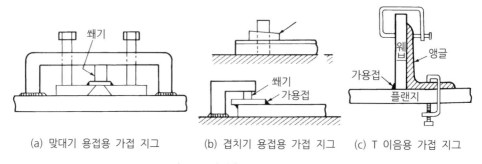

(a) 맞대기 용접용 가접 지그   (b) 겹치기 용접용 가접 지그   (c) T 이음용 가접 지그

그림 6.8 가접용 지그의 사용 예

가접한다. 그림 6.8(c)는 T 이음에서 사용하는 가접 지그를 나타낸 것으로, 앵글을 이용하여 T 이음의 수직판과 수평판을 직각으로 고정하여 가접하는 것이다.

(나) 변형 방지용 지그

용접은 가공물에 다량의 열을 받게 하므로 팽창과 수축에 의하여 열변형이 발생한다. 이와 같은 변형은 용접 순서, 용접법 및 소성 역변형 등으로 방지하는 방법이 있다. 또한 용접물을 구속시켜 주어 변형을 억제하는 방법(탄성 역변형)도 있는데, 여기에 사용되는 지그를 역변형 지그라 한다.

(다) 특수 용접 지그

상기 이외의 용접용 지그로서는 편면(한 면) 용접용 뒷받침 지그가 있다. 그림 6.9(a)는 편면 자동용접용 지그로서 영구자석을 이용하여 소모식 뒷댐판재를 이음의 뒷면에 밀착시켜 주는 것을 나타냈으며, 그림 6.9(b)는 고정식 편면 자동용접용 이면장치로서, 이면에서 확실하고 간단하게 밀착시켜 주는 지그이다.

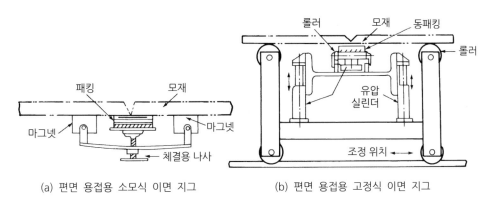

(a) 편면 용접용 소모식 이면 지그   (b) 편면 용접용 고정식 이면 지그

그림 6.9 특수 용도 지그

(7) 장비보수 및 유지관리

용접기를 장시간 사용할 때 그 기능을 유지하기 위해서는 평상시의 보수점검이 필요하다. 용접기로서 구비해야 할 조건은 다음과 같은 것이 있다.

(가) 전류 조정이 용이하고, 용접 중 일정한 전류가 흘러야 한다.

(나) 아크 발생이 쉬울 정도의 무부하 전압이 유지되어야 한다.(교류 70~80 V, 직류 50~60 V)

(다) 단락되었을 때 흐르는 전류가 너무 높지 않아야 한다.

(라) 사용 중에 온도 상승이 적어야 하며, 아크가 안정되어야 한다.

(마) 역률(power factor)과 효율(efficiency)이 좋아야 한다.

(바) 가격이 저렴하고, 취급이 쉬워야 하며, 유지비가 적게 들어야 한다.

일반적으로 용접기의 점검 및 보수 시에는 다음과 같은 사항을 지켜야 한다.

(가) 습기나 먼지 등이 많은 장소에 용접기 설치를 피하고 환기가 잘 되는 곳을 선택한다.

(나) 정격사용률 이상으로 사용하면 과열되어 소손이 생긴다.

(다) 탭 전환은 반드시 아크 발생을 중지한 다음 시행한다.

(라) 2차 측 단자의 한쪽과 용접기 케이스는 반드시 접지(earth)한다.

(마) 2차 측 케이블이 길어지면 전압이 강하되므로 가능한 지름이 큰 케이블을 사용한다.

(바) 가동 부분, 냉각 팬(fan)을 정기적으로 점검하고 주유한다(회전부, 베어링, 축 등).

(사) 탭 전환부의 전기적 접촉부는 샌드페이퍼(sand paper) 등으로 자주 닦아 준다.

(아) 용접 케이블 등의 파손된 부분은 절연 테이프로 감아 준다.

(자) 1차 측 탭은 1차 측의 전류, 전압을 조절하는 것이므로 2차 측의 무부하 전압을 높이거나 용접 전류를 높이는 데 사용해서는 안 된다.

이상의 주의사항 이외에 다음과 같은 장소에 용접기를 설치해서는 안 된다.

(가) 옥외에서 비바람이 치는 장소

(나) 수증기 또는 습도가 높은 장소

(다) 휘발성 기름이나 가스가 있는 장소

(라) 먼지가 많이 나는 장소

(마) 유해한 부식성 가스가 존재하는 장소

(바) 폭발성 가스가 존재하는 장소

(사) 진동이나 충격을 받는 장소

(아) 주위 온도가 −10℃ 정도 이하로 낮은 장소

3. 개선 준비

(1) 개선부의 확인 및 보수

용접하기 전 용접 이음부의 상태가 올바른 것인가를 사전에 확인하는 것은 용접사 또는 검사원이 하는 중요한 작업이다. 용접 이음부의 루트 간격, 루트 면, 홈 각도에는 수동 용접인지 자동 용접인지에 따라 허용한계가 달라진다.

일반적으로 수동 용접에서는 정밀도가 조금 낮아도 되지만, 자동 용접인 서브머지드아크 용접에서는 용락을 방지하기 위하여 그림 6.10과 같이 제한한다.

이음 홈의 엇갈림(stagger)이 과대하게 되면 용접 결함이 생기기 쉽고, 이음부에 굽힘응력이 생기므로 허용한도 내로 교정해야 한다.

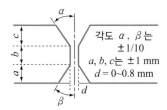

각도 α, β는
±1/10
a, b, c는 ±1 mm
d = 0~0.8 mm

그림 6.10 서브머지드 아크 용접홈의 정밀도

특히 이음부의 루트 간격이 너무 클 때 맞대기 용접 이음의 경우에는 그림 6.11과 같이 (a) 간격 6 mm, (b) 간격 6~16 mm, (c) 간격 16 mm 이상으로 나누어 (a)의 경우는 한쪽 또는 양측에 덧붙여 용접한 다음 깎아내어 정규홈으로 만든 다음 용접한다. (b)의 경우는 판 두께 6 mm 정도의 뒷댐판을 대고 용접한다. 이 경우 뒷댐판을 떼어내고 뒷면 용접을 해도 되나, 그대로 남겨 두어도 된다. (c)의 경우에는 판을 전부 또는 일부(약 300 mm 길이)를 교환한다.

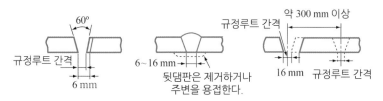

그림 6.11 맞대기 이음부의 보수

필릿 용접 이음의 경우 그림과 같이 간격이 커지면 다음과 같이 보수한다. 즉, (a) 간격이 1.5 mm 이하이면 그대로 규정된 다리길이로 용접한다. (b) 간격 1.5~4.5 mm의 경우에는 그대로 용접해도 되나 벌어진 만큼 다리길이를 증가시킬 필요가 있다. (c) 간격이 4.5 mm 이상일 때는 라이너(liner)를 넣거나 부족된 판을 300 mm 이상 잘라내어 교환한 후 용접한다.

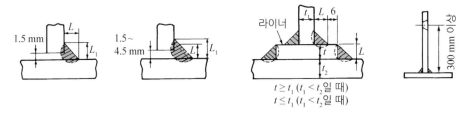

$t \geq t_1 (t_1 < t_2$일 때)
$t \leq t_1 (t_1 < t_2$일 때)

그림 6.12 필릿 용접 이음부의 보수

그림 6.13과 같이 금속조각을 채워 넣는 속임수를 써서는 안 된다. 이와 같이 하면 반드시 결함이 생겨 이음강도가 부족하게 된다.

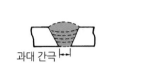 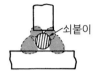

(a) 무리한 운봉으로 용접한다   (b) 쇠붙이로 메우고 용접한다   (c) 쇠붙이로 메우고 용접한다

그림 6.13 불량보수의 예

(2) 홈의 청소

이상과 같이 하여 용접 이음부에 대한 홈의 확인 및 보수가 끝나면 다음 이음 부분을 깨끗하게 청소한다. 용접 이음 부분에 부착되어 있는 수분과 녹, 스케일, 페인트, 기름, 그리스, 먼지, 슬래그 등이 있으면 용접 결함(기공, 균열, 슬래그 혼입 등)의 원인이 된다. 이와 같은 것을 제거하고자 할 때에는 와이어 브러시(wire brush), 연삭기, 쇼트 블라스트(short blast) 등을 사용하거나 화학약품을 사용하면 편리하다. 특히 다층 용접 시 매 패스마다 용접하기 전에 전층의 슬래그를 제거해야 한다.

자동 용접으로 시공할 때에는 큰 전류로서 고속 용접을 하기 때문에 유해물의 영향이 크다. 용접하기 전에 가스 불꽃으로서 용접홈의 면을 80℃ 정도 가열하여 수분이나 기름 등을 제거하는 방법도 있다. 이 방법은 비교적 간단하고 유효하므로 수동 용접 때도 이용한다.

4. 조립 및 가접

조립(assembly)과 가접(tack welding)은 용접공사에 있어 중요한 공정 중의 하나로, 그 양부는 용접품질에 직접적인 영향을 미친다. 조립 순서는 용접 순서 및 용접 작업의 특성을 고려하여 계획하고, 용접 불능의 개소가 없도록 해야 하며, 불필요한 변형 또는 잔류응력이 남지 않도록 미리 검토한 다음 조립 순서를 결정한다.

(1) 조립 순서

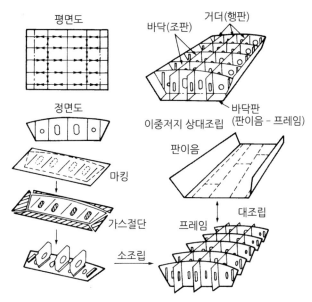

평면도

거더(행판)

바닥(조판)

바닥판
(판이음 - 프레임)

이중저지 상대조립

정면도

판이음

마킹

가스절단

대조립

프레임

소조립

그림 6.14 화물선 2중 바닥의 조립 순서 예

일반적으로 용접 구조물은 다음과 같은 사항을 고려하여 조립 순서를 결정한다.

(가) 구조물의 형상을 유지할 수 있어야 한다.

(나) 용접 변형 및 잔류응력을 경감시킬 수 있어야 한다.

(다) 큰 구속 용접은 피해야 한다.

(라) 적용 용접법, 이음 형상을 고려한다.

(마) 변형 제거가 쉬워야 한다.

(바) 작업 환경의 개선 및 용접 자세 등을 고려한다.

(사) 장비의 취급과 지그의 활용을 고려한다.

(아) 경제적이고 고품질을 얻을 수 있는 조건을 설정한다.

(2) 가접

가접은 본 용접을 하기 전에 이음부 좌우의 홈 부분을 잠정적으로 고정하기 위한 짧은 용접이지만 균열, 기공, 슬래그 섞임 등의 용접 결함을 수반하기 쉬우므로, 원칙적으로 본 용접을 하는 용접홈 내에 가접하는 것은 좋지 않다. 만약 부득이한 경우에는 본 용접 전에 깎아내도록 해야 한다.

가접 시 주의해야 할 사항은 다음과 같다.

(가) 본 용접과 같은 온도에서 예열한다.

(나) 본 용접자와 동등한 기량을 갖는 용접자로 하여금 가접하게 한다.

(다) 용접봉은 본 용접 작업 시에 사용하는 것보다 약간 가는 것을 사용하며, 간격은 판 두께의 15∼30배 정도로 하는 것이 좋다.

(라) 가접의 위치는 부품의 끝, 모서리, 각 등과 같이 단면이 급변하여 응력이 집중되는 곳은 가능한 피한다.

(마) 가접비드의 길이는 판 두께에 따라 변화시키는데, ⓐ $t \leq 3.2$ mm에서는 30 mm 정도, ⓑ $3.2 < t < 25$ mm에서는 40 mm, ⓒ 25 mm $\leq t$에서는 50 mm 정도로 한다.

(바) 큰 구조물에서는 가접 길이가 너무 작으면 용접부가 급랭 경화해서 용접 균열이 발생하기 쉬우므로 주의해야 한다.

(사) 가접은 길이가 짧기 때문에 비드의 시발점과 크레이터가 연속된 상태가 되기 쉽고, 용접 조건이 나빠질 염려가 있으므로 주의해야 한다.

또한 조립 도면에 표시된 치수를 정확히 지키려면 가접에 의한 수축을 생각해서 그림 6.15에서와 같이 끼움쇠를 이용하는 것이 좋다. 또 뒤틀림 교정용 지그를 사용하면 편리하다. 그리고 이음면의 어긋남(편심)에 주의해야 하는데, 그림에서와 같은 치수를 엄수해야 한다.

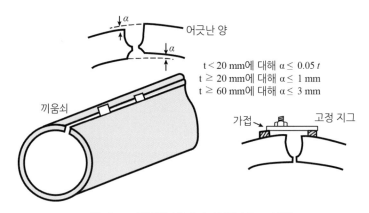

그림 6.15 정확한 맞대기 이음부의 고정법

그림 6.16은 가접의 위치 선정을 나타낸 것으로, 부재의 가장자리, 모서리, 중요강도 부위 등 응력이 집중할 곳은 피해야 한다.

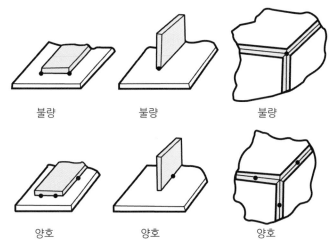

불량 　　　　 불량 　　　　 불량

양호 　　　　 양호 　　　　 양호

그림 6.16 가접 위치 선정의 예

[2] 본 용접

본 용접을 할 때에는 용접 순서, 용착법, 운봉법, 용접봉의 선택, 용접 조건 등을 조사하여 용접부에 결함이 남지 않게 하는 동시에 용접 변형이 적고 능률이 좋은 상태가 될 수 있도록 노력해야 한다. 용접 작업을 무사히 성공시켜 기대하는 용접 이음부를 얻을 수 있을까 하는 것은 미리 설정된 용접 조건을 정확하게 실행하는 것에 달렸다.

1. 용접 시공 기준

(1) 용착법과 용접 순서

(가) 용착법

하나의 용접선을 용접할 경우 모재의 구속 상태, 판 두께, 온도 또는 변형에 대한 허용 오차 등을 고려하여 적당한 용착법(welding sequence)을 선택해야 한다. 용접 이음에 이용되는 용착법을 크게 나누면 다음 3가지로 분류된다.

1) 용접 순서에 의한 분류

ⓐ 전진법 : 한끝에서 다른 쪽 끝을 향해 연속적으로 진행하는 방법으로서, 용접 이음이 짧은 경우나 변형, 잔류응력 등이 크게 문제되지 않을 때 이용된다.

ⓑ 대칭법 : 중앙으로부터 양끝을 향해 대칭적으로 용접해 나가는 방법으로서, 이음의 수축에 의한 변형의 비대칭 상태를 원하지 않을 때 이용된다.

ⓒ 비석법(skip method) : 짧은 용접길이로 나누어 용접하는 방법으로서, 다른 용착법보다 잔류응력이 적게 되는 방법이다.

2) 용접 방향과의 관계에 의한 분류

ⓐ 전진법(progressive method) : 용접 방향과 용착 방향이 일치하는 방법으로서 잔류응력이나 변형은 일반적으로 커진다. 짧은 이음, 1층 용접 및 자동 용접의 경우에 많이 이용되는 것으로 고능률로 용접할 수가 있다.

ⓑ 후퇴법(후진법, backstep method) : 용접 진행 방향과 용착 방향이 반대가 되는 방법으로, 잔류응력이 약간 작아지고 능률이 떨어진다.

3) 다층 용접에서 층을 쌓는 방법에 의한 분류

ⓐ 덧붙이법(덧살올림법, build-up method) : 각 층마다 전체의 길이를 용접하면서 쌓아 올리는 방법으로서 가장 일반적인 방법이다.

ⓑ 블록법(block method) : 하나의 용접봉으로 비드를 만들 만큼 길이로 구분해서 한 부분씩 홈을 여러 층으로 완전히 쌓아 올린 다음, 다른 부분으로 진행하는 방법이다.

ⓒ 캐스케이드법(단계법, cascade method) : 한 부분의 몇 층을 용접하다가 이 것을 다음 부분의 층으로 연속시켜, 전체가 단계를 이루도록 용착시켜 나가는 방법이다.

블록법이나 캐스케이드법은 변형 및 잔류응력을 줄이기 위해 부분적으로 용접해 나가면서 점차적으로 연속시킴으로써 전체의 용접을 마무리 짓는 방법들이다.

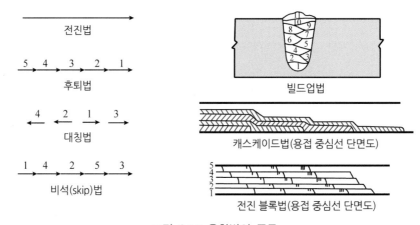

그림 6.17 용착법의 종류

그림 6.17에 여러 가지 용착법의 예를 나타내었다.

(나) 용접 순서

용접 순서를 결정할 때는 가능한 한 용접 변형이나 잔류응력이 적게 되도록 해야 한다. 그러나 변형을 방지하는 것과 구속에 의한 균열을 방지하는 것과는 서로 반대되는 경향을 갖고 있기 때문에 용도나 목적 등에 따라 균형 있게 정해야 한다. 일반적으로 용접 순서를 결정할 때는 다음과 같은 사항을 주의하면서 정하면 된다.

1) 조립에 따라 용접해 가는 경우 순서가 틀리면 용접이 어렵거나 불가능하게 되어 공수가 많이 들게 되므로 조립하기 전에 철저한 검토가 필요하다.

2) 동일 평면 내에 이음이 많이 있을 경우 수축은 가능한 한 자유단 끝으로 보낸다. 이것은 구속에 의한 잔류응력을 작게 해 주는 효과와 전체를 균형 있게 수축시켜 변형을 줄이는 효과가 있다.

3) 중심선에 대해 대칭을 벗어나면 수축이 발생하여 변형되거나, 굽혀지거나, 뒤틀리는 경우가 있으므로 물품의 중심에 대하여 항상 대칭적으로 용접을 진행하도록 한다.

4) 가능한 수축이 큰 이음을 먼저 용접하고, 수축이 작은 이음은 나중에 한다. 이것은 내적 구속에 의한 잔류응력을 작게 해 주는 효과가 있다(그림 6.18(a) 참조).

5) 용접선의 직각 단면 중립축에 대해 용접 수축력의 모멘트가 0(zero)이 되도록 하여 용접 방향에 대한 굽힘을 줄인다.

6) 리벳과 용접을 병용하는 경우에는 용접을 먼저 하여 용접열에 의한 리벳의 풀림을 피한다.

이 방법은 선박이나 대형 용접 구조물에 잘 이용된다. 블록과 블록 사이의 용접은 앞에서 논한 기준으로 용접 순서를 정해야 한다. 그림 6.18에 용접 순서를 정하는 예를 나타내었다.

그림 6.18(a)는 외판과 골재의 현장 이음의 용접 순서로서, 외판 A와 골 B 및 외판 A′과 골 B′을 각각 먼저 용접하고, 양 블록을 접합시키는 경우이다. 수축이 커도 1차 강도 부재에 있는 외판의 맞대기 이음 ①을 먼저 하고, 2차 강도 부재에 있는 골재 플랜지부 ②, 다음에 웨브 ③, 최후에 필릿 이음부 ④를 용접한다.

그림 6.18(b)는 구를 제작할 때 용접 순서를 나타낸 것으로, 대칭 용접으로 순서를 정하고 있다. 그림 6.18(c)~(h)는 맞대기 이음부가 교차할 경우의 용접하는

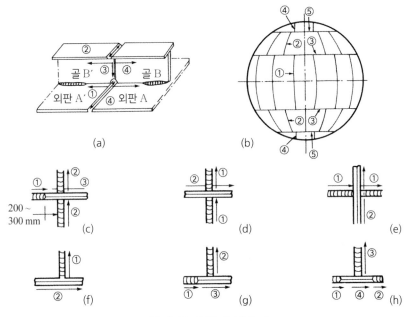

그림 6.18 용접 순서의 예

순서를 나타낸 것이다. 어느 것이나 이음의 길이 방향의 수축 변형을 완전히 구속하지 않기 위한 순서 및 용접 방법을 나타내었다. 그림 6.19는 H형강 및 가로, 세로 격판의 용접 순서를 나타내었다.

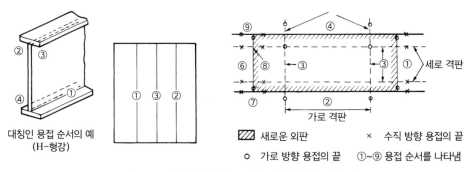

대칭인 용접 순서의 예
(H-형강)

새로운 외판   × 수직 방향 용접의 끝
○ 가로 방향 용접의 끝   ①~⑨ 용접 순서를 나타냄

그림 6.19 H형강 및 가로 세로 격판의 용접 순서

그림 6.20은 대형 파이프(연강) 용접 이음에 대한 용접 순서를 나타낸 것으로, 그림 6.20(a)는 블록법으로서 시계 또는 반시계 방향으로 용접하는 것이고, 그림 6.20(b)는 같은 블록법으로 대칭으로 용접한 것이다. 그림 6.20(c)는 각 층마다 대칭으로 용접하는 것으로 이 방법을 이용하면 각 변형이 일어나기 어렵다. 단, 고장력강 등의 균열이 쉬운 재료에서는 바람직하지 못하다. 어느 방법이나 균열

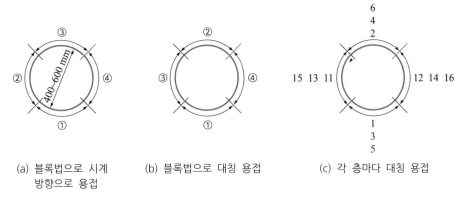

(a) 블록법으로 시계
    방향으로 용접

(b) 블록법으로 대칭 용접

(c) 각 층마다 대칭 용접

그림 6.20 원형공사의 용접 순서 예

은 거의 볼 수 없는 용접 순서이다.

(2) 비드의 시단과 종단 처리법

모재가 예열이 되어 있지 않은 것을 아크 발생 후 즉시 용접하면, 모재와 융합하지 않아 용입 부족이나 기공이 발생될 염려가 있다. 특히 저수소계 용접봉은 점도가 높기 때문에 용접 시단부에 기공이 발생하기 쉽다.

용접의 종단에 생기는 크레이터 부분은 결함이 생기기 쉬운 곳이다. 따라서 운봉 기술에 의하여 크레이터 부분을 채워야 한다.

맞대기 용접 이음에서는 시단부와 종단부에 적당한 크기의 연장판을 모재에 가접하고 연장판 위에서 시작하여 연장판 위에서 용접이 끝나게 한다. 필릿 용접 이음의 경우에는 돌림 용접에 의하여 양단을 그림 6.21과 같이 하는 것이 좋다.

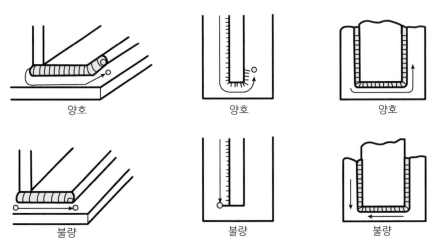

양호   양호   양호

불량   불량   불량

그림 6.21 필릿 용접 이음에서 시단과 종단

(3) 이면 따내기와 이면 용접

일반적으로 맞대기 용접 이음의 제1층 용접은 이면이 완전히 시일드(차폐)가 되지 않고 급랭되므로 각종 결함이 생기기 쉽다. 따라서 이 부분을 완전히 제거하고 이면에서 용접해야 하는 경우가 많다. 이면 따내기는 세이퍼(shaper) 또는 밀링(milling) 등을 이용하는 기계절삭법과 불꽃에 의한 가우징(gouging), 아크에어 가우징(arc air gouging)법이 있는데, 아크에어 가우징이 가장 널리 이용되고 있다.

이면 따내기는 용접 금속이 완전히 나올 때까지 깎아낼 필요가 있는데, 경우에 따라서는 표면 용접의 부근까지 깎아낼 경우도 있다.

이면 따내기를 적게 하기 위해서는 루트 면, 루트 간격을 설계 도면에 따라 정확하게 유지한 후 적정한 용접 조건으로 결함이 없는 건전한 제1층 용접을 할 필요가 있다.

(4) 이종재의 용접 시공

용접 구조물을 제작할 경우에는 재질이 다른 재료를 용접할 경우가 많다. 이 경우 그 시공 조건이 문제가 된다.

일반적으로 이종재의 용접은 다음과 같은 경우에 사용된다.

- (가) 단일 금속 사이의 이음 : 오스테나이트계와 크롬-몰리브덴강과의 접합 등
- (나) 클래드(clad)강 : 연강, Cr-Mo강 위에 스테인리스 및 티탄 클래드재를 접합시키는 것 등
- (다) 표면 경화 육성용 : 마모, 부식 및 열저항에 의하여 파손된 모재의 표면을 사용에 알맞는 특수 용도의 합금으로 용착시킨다.
- (라) 라이닝(lining)재의 접합 : 보통 구조용강 저합금강 등으로 만들어진 용기 등을 부식으로부터 보호하기 위하여 내면에 내식 재료를 전면 또는 부분적으로 접합시키는 것

2. 클래드강의 용접 시공

(1) 클래드강

- (가) 클래드강은 극연강, 연강, 저합금강 등을 판재에 그 한쪽 면 또는 양쪽 면에 다른 종류의 금속판을 열간압연, 용접, 폭착 등의 방법으로 접합시킨 판재를 말하며, 합판강재라고도 한다.
- (나) 모재의 한쪽 면에 판재를 접합시킨 것을 일면 클래드강, 모재의 양쪽 면에 판재를 접합시킨 것을 양면 클래드강이라 한다.
- (다) 클래드 메탈의 두께는 전체 판두께의 10~20%인 것이 많다.

(라) 종류에는 스테인리스 클래드강, 니켈 클래드강, 니켈 합금 클래드강, 알루미늄 클래드 강 등이 있다.

(마) 클래드강은 서로 다른 금속의 성질 중 유용한 부분만을 골라 용도에 맞는 특수한 금속으로 새롭게 창조한 것이다.

(바) 자동차 라디에이터, 열교환기, 반도체 리드 프레임 등 고부가가치 제품의 소재로 사용된다.

(2) 스테인리스 클래드강 맞대기 용접

(가) 스테인리스 클래드강은 강도와 내식성이 동시에 요구될 때 일반 강재에 스테인리스강판을 접착시켜 만든 강재이다.

(나) 클래드강의 용접 방법

1) 모재를 먼저 용접한 후 클래드재를 용접하는 것이 원칙이다.

2) 모재 측을 먼저 용접한 다음 클래드재 쪽에서 이면 따내기를 하여 모재 측 1층 루트부에 발생하기 쉬운 결함을 제거한다.

3) 클래드 측 1층 경계부의 용접은 가능한 한 저전류를 사용하여 직선 비드로 용접한다.(모재의 희석을 적게 하기 위해)

(3) 스테인리스강의 경우 이종재 용접의 문제점 5가지는 다음과 같다.

(가) 용접 본드부의 인성 저하

(나) 용입량에 의한 내식성의 열화

(다) 용접 균열의 발생

(라) SR(stress relief)에 수반되는 경계부의 취화

(마) 열팽창, 크리프 특성이 다른 재료를 접합하기 때문에 가열에 수반되는 열응력 발생

01 용접에 따른 생산관리 4M에 대하여 쓰고 설명하시오.

02 설계 품질과 제조 품질에 대해 설명하시오.

03 일반적인 용접 준비 사항을 쓰시오.

04 용접 장비의 준비 사항을 쓰시오.

05 지그 선택 시 일반적인 기준을 쓰시오.

06 용접기 설치 장소로 적합하지 않은 8개소를 쓰시오.

07 맞대기 이음부의 보수작업에 대해 설명하시오.

08 필릿 용접 이음부의 보수작업에 대해 설명하시오.

09 용접 구조물의 조립 시 일반적인 주의사항을 쓰시오.

10 용접 구조물의 가접 시 주의사항을 쓰시오.

11 용착법의 종류에 대하여 설명하시오.

12 용접 순서 결정 시 주의 사항을 쓰시오.

13 비드의 시단과 종단 처리법을 설명하시오.

14 이면 따내기와 이면 용접에 대하여 설명하시오.

15 클래드강이란 무엇인가?

16 클래드강의 제작 방법 3가지를 쓰시오.

17 클래드강의 용접 방법을 설명하시오.

18 스테인리스강의 경우 이종재 용접의 문제점 5가지를 쓰시오.

19 가접 시 사용하는 용접봉은 본 용접 작업 시에 사용하는 것보다 약간 가는 것을 사용하라고 하는데 그 이유를 설명하시오.

20 판 두께에 따른 일반적인 가접 비드의 길이를 쓰시오.

   (1) $t \leq 3.2$ mm :

   (2) $3.2 < t < 25$ mm :

   (3) 25 mm $\leq t$:

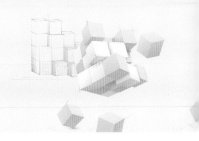

학습 7 용접 검사

7-1. 용접부 검사 의의 및 용접 결함

> 학습 목표   • 용접부 검사 의의 및 용접 결함을 알 수 있도록 한다.

[1] 용접부 검사의 의의

  용접은 설계자의 설계와 시방서에 의하여 실시함으로써 완성된 가공물이 목적과 부합되도록 구조 및 성능을 발휘해야 한다. 그러나 용접의 내·외부적 요인으로 불량 또는 결함이 있는 제품이 생산될 수 있다. 그러므로 용접부에 대한 건전성(soundness)과 신뢰성(reliability)의 확보가 요구된다. 이를 확보하기 위해서는 사전 결함 예방에 대한 지식, 시험 검사가 필요하다. 작업 검사(procedure inspection)란 양호한 용접을 하기 위하여 용접 전, 용접 중 또는 용접 후에 용접공의 기능, 용접 재료, 용접 설비, 용접 시공 상황, 용접 후 열처리 등의 적부를 검사하는 것을 말한다. 완성 검사란 용접 후에 제품이 요구대로 완성되고 있는가의 여부를 검사하는 것을 말한다. 완성된 제품에 대한 완성 검사(acceptance inspection)는 파괴 시험(destructive testing)과 비파괴 시험(nondestructive testing)으로 나눌 수 있다.

  파괴 시험은 피검사물을 절단, 굽힘, 인장, 기타 소성 변형을 주어 시험하는 방법이고, 비파괴 시험은 피검사물을 손상하지 않고 시험하는 방법을 말한다. 이러한 검사의 응용은 검사자(inspector)가 재질, 용접부의 형상, 목적에 따라 선택 또는 조합하여 결함을 검출한다.

[2] 용접 결함

1. 치수상의 결함

(1) 응력에 의한 변형
횡 수축, 종 수축, 각 변형, 회전 변형 등에 의하여 치수상의 결함이 생긴다.

(2) 형상 결함

재료의 평면상 맞대임할 곳의 규격 차이, 필릿의 각도나 기타 실제 용접의 설계와 시공이 달라 결함이 생긴다.

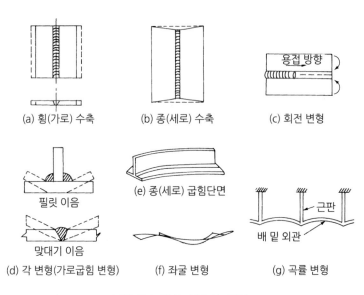

그림 7.1 형상 치수상 결함

2. 구조상의 결함

(1) 비드 형상의 결함

언더컷, 오버랩, 너무 높은 보강 용접, 목두께 부족, 다리길이 부족 등과 같은 구조상의 결함이 생긴다.

(2) 기공(blow hole)

공기 중에 있는 수소나 탄소와 화합해서 기포가 생기거나 유황(S)이 많은 강이면 수소(H_2)와 화합해서 유화수소(H_2S)가 생겨 기포가 남게 된다.

(3) 슬래그 혼입(slag inclusion)

앞 층의 잔류 슬래그가 원인이 되어 용접부의 층 아래 또는 내부에 남는 것을 말한다.

(4) 융합 부족(lack of fusion)

용접 금속이 모재 또는 앞 층에 충분히 용융되지 않을 경우에 생기는 것으로, 용접 전류가 불충분할 때, 아크가 한쪽으로 편향되었을 때 발생한다. 또한 이 결함은 간극이 넓게 벌어져 있을 경우와 밀착은 돼 있으나 접착이 되지 않았을 때 생긴다.

(5) 용입 부족(lack of penetration)

깊은 용접을 할 때 용착 부족 때문에 그루브, 루트가 용입되지 않고 남는 것 또는 한편 용접 때 전류 부족으로 용입되지 않는 경우의 결함이다. 이는 응력 집중도가 높아 균열 발생의 원인이 된다.

(6) 균열(crack)

고온 균열과 저온 균열이 있다. 비드 밑 터짐이나 토 균열, 루트 균열, 열처리 균열, 응력 부식 균열 등이 있다.

표 7.1 각종 결함과 시험

용접 결함	결함 종류	시험과 검사
치수상 결함	변형	적당한 게이지를 사용하여 외관 육안 검사
	용접부의 크기가 부적당	용착 금속 측정용 게이지를 사용하여 육안 검사
	용접부의 형상이 부적당	용착 금속 측정용 게이지를 사용하여 육안 검사
구조상 결함	구조상 불연속 기공 결함	방사선 검사, 자기 검사, 와류 검사, 초음파 검사, 파단 검사, 현미경 검사, 마이크로 조직 검사
	슬래그 섞임	〃
	융합 불량	〃
	용입 불량	외관 육안 검사, 방사선 검사, 굽힘 시험
	언더컷	외관 육안 검사, 방사선 검사, 초음파 검사, 현미경 검사
	용접 균열	마이크로 조직 검사, 자기 검사, 침투 검사, 형광 검사, 굽힘 시험
	표면 결함	외관 검사
성질상 결함	인장강도 부족	기계적 시험
	항복강도 부족	〃
	연성 부족	〃
	경도 부족	〃
	피로강도 부족	〃
	충격 파괴 강도	〃
	화학성분 부적당	화학분석 시험
	내식성 불량	부식 시험

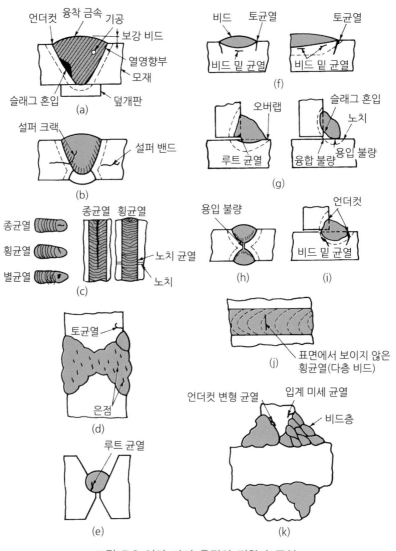

그림 7.2 여러 가지 용접의 결함과 균열

3. 성질상의 결함

용접부는 국부적인 가열에 의하여 융합하는 이음 형식이기 때문에 모재와 같은 성질이 되기 어렵다. 용접 구조물은 어느 것이나 사용 목적에 따라서 용접부의 기계적, 물리적, 화학적인 성질에 대하여 정해진 요구 조건이 있는데, 이것을 만족시키지 못하는 것을 성질상 결함이라 한다.

표 7.2 용접부의 시험 종류

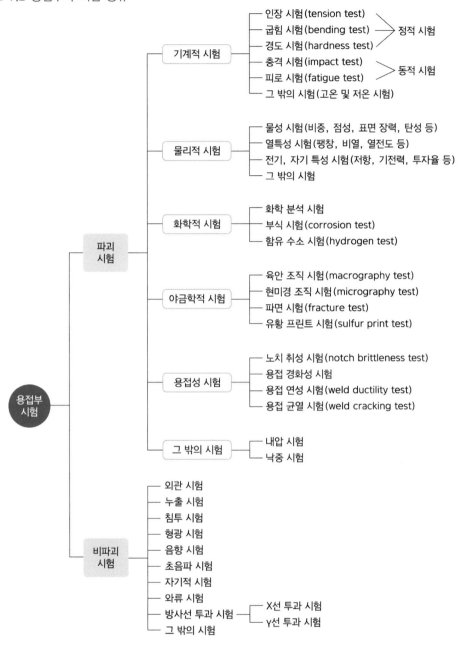

7-2. 파괴 검사 및 비파괴 검사

학습 목표	• 파괴 검사 및 비파괴 검사를 알 수 있도록 한다.

[1] 파괴 검사

파괴 검사는 검사부를 절단, 굽힘, 인장, 충격 등으로 파괴하여 검사하는 것을 말하며, 대량 생산품의 샘플(sample) 검사에 적합하다.

1. 파괴 검사의 종류 및 검사 방법

(1) 인장 시험

인장 시험(tension test)에서 하중을 $P(\mathrm{N})$, 시편의 최소 단면적을 $A(\mathrm{mm}^2)$라고 하면 응력(stress) σ는 다음과 같다.

$$\sigma = \frac{P}{A} \ [\mathrm{N/mm}^2]$$

그리고 시험편 파단 후의 거리를 l (mm), 최초의 길이를 l_0라 하면 변형률(strain)은

$$\epsilon = \frac{l - l_0}{l_0} \times 100 \ [\%]$$

와 같이 되고, 파단 후 시험편의 단면적을 A' mm^2, 최초의 원단면적을 A mm^2라 하면 단면 수축률 ϕ는 다음과 같다.

$$\phi = \frac{A - A'}{A} \times 100 \ [\%]$$

그림 7.3은 응력과 변형도의 선도이며 C점에 해당하는 응력은 하중은 증가하지 않고 변형만 하는데, 이때 최대 하중(N)을 원단면적(mm^2)으로 나눈 값을 항복응력 ($\mathrm{N/mm}^2$)이라 한다. 그러나 스테인리스강, 황동과 같이 항복점(yielding point)이 나타나지 않는 재료는 항복점에 대응되는 내력을 측정한다. 즉, 보통 많이 사용되고 있는 0.2% 내력은 곡선 2에 표시된 바와 같이 변형률 축상 0.2% 변형인 점에서 직선 부분에 평행선을 그어 하중-변율 곡선과 만나는 G점의 하중을 원단면적으로 나눈 값을 말하는데, 이것을 영구 변형(permanent strain)의 0.2%에 대한 응력으로 0.2% 항복 응력 혹은 내력(yield stress)이라 하며, 이런 방법을 오프셋(offset)법이라 한다.

또한 파단 할 때의 최대 하중을 원단면적으로 나눈 값을 인장강도(tensile strength) 혹은 항장력(E점)이라 한다. 그림 7.3에서 A점을 비례한도(proportional limit)라 하고, 하중을 제거해서 재료가 영구 변형을 남기지 않고 원래대로 되는 최대 응력을 탄성한 도(elastic limit)라 한다.

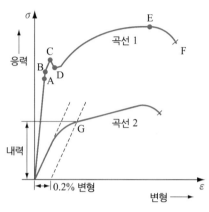

그림 7.3 응력과 변형률 선도

(2) 용착 금속의 인장 시험

용착 금속(deposited metal)의 인장 시험은 용착 금속 내에서 원형으로 채취한다.

시험편은 원칙적으로 아크 용접일 때 A1호 시험편, 가스 용접일 때 A2호 시험편으로 하지만, 이 시험편의 채취가 곤란할 때 A2호와 A3호의 시험편을 사용하기도 한다.

$$\text{용접 이음 효율(joint efficiency)} = \frac{\text{시험편의 인장강도}}{\text{모재의 인장강도}} \times 100 \, [\%]$$

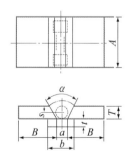

그림 7.4 인장 시험재의 채취 형상

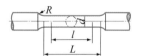

표점 거리 l=50 mm
지름 d=14 mm
평행부 거리 L=약 60 mm
모서리 반지름 R=15 mm 이상

그림 7.5 원형 인장 시험편 형상

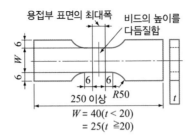

그림 7.6 판상형 맞대기 용접 이음의 인장 시험 형상

(3) 굽힘 시험(bending test)

용접부의 연성을 조사하기 위하여 사용되는 시험법으로, 굽힘 방법에는 자유 굽힘 (free bend), 롤러 굽힘(roller bend)과 형틀 굽힘(guide bend)이 있으며, 보통 180°까지 굽힌다. 또 시험하는 표면의 상태에 따라서 표면 굽힘 시험(surface bend test), 이면 굽힘 시험(root bend test), 측면 굽힘 시험(side bend test) 3가지 방법이 있다. 보통 형틀 굽힘 시험을 많이 하며, 그림 7.7과 7.8은 시험용 지그(jig)와 시험편의 형상이다.

굽힘 시험용 형틀의 규격은 A1 형틀은 두께 3.0~3.5 mm, A2 형틀은 두께 5.5~6.5 mm, A3 형틀은 두께 8.5~9.5 mm가 사용된다.

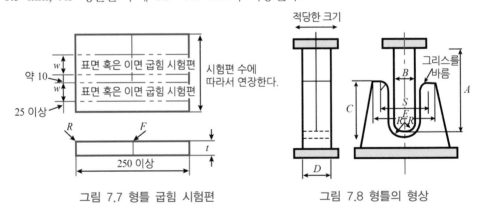

그림 7.7 형틀 굽힘 시험편   그림 7.8 형틀의 형상

(4) 경도 시험(hardness test)

브리넬(Brinell) 경도, 로크웰(Rockwell) 경도, 비커스(Vickers) 경도 시험기는 압입 자국으로 경도를 표시한다. 압입체인 다이아몬드 또는 강구로 눌렀을 때 재료에 생기는 소성 변형에 대한 자국으로 경도를 계산하고 있다. 쇼어(Shore) 경도 시험은 낙하-반발 형식으로 재료의 탄성 변형에 대한 저항으로써 경도를 표시한다.

표 7.3 각종 경도계의 비교

종류	형식	입자 또는 해머의 재질 형상	하중	비고(표시 예)		
브리넬	압입식	담금질한 강구 $H_B = \dfrac{P}{\pi dh}$ 지름 10 mm 5 mm 2.5 mm	3,000 kg 1,000 kg 750 kg 500 kg	강구의 지름과 하중은 재질과 경도에 따라 다음과 같이 조합한다.		
				강구의 지름(mm)	하중 (kg)	기호
				5	750	HB(5/750)
				10	500	HB(10/500)
				10	1,000	HB(10/1,000)
				10	3,000	HB(10/3,000)
				경도 표시 예 : HB(10/500)92 HB(10/500/30)92		
로크웰	압입식	$H_R B = 130 - 500h$ h : 압입 깊이의 차 "B" 스케일 담금질한 강구 지름 $1/16''$	100 kg	HRB30(또는 RB30)		
		$H_R B = 100 - 500h$ h : 압입 깊이의 차 "C" 스케일 다이아몬드콘 정각 120° $H_V = \dfrac{1.8544P}{d^2}$ d : 자국의 대각선 길이	150 kg	HRC59(또는 RC59)		
비커스	압입식	다이아몬드 4각추 정각 136°	$1\sim120$ kg	HV(30)250		
쇼어	반발식	$H_s = \dfrac{10000}{65} \times \dfrac{h}{h_0}$ h_0 : 낙하 높이 h : 반발 높이 끝을 둥글게 한 다이아몬드를 붙인 해머, 해머 중량 2.6 g	낙하 높이 25 cm	H_s51 $H_s25.5$		

(5) 충격 시험

시험편에 노치(notch)를 만들어 진자로 타격을 주어 재료가 파괴될 때 재료의 성질인 인성(toughness)과 취성(brittleness)을 시험하는 것을 충격 시험(impact test)이라한다. 이 시험에는 샤르피(Charpy) 충격 시험기와 아이조드(Izod) 충격 시험기가 많이사용되며, 전자는 시험편을 수평으로, 후자는 수직으로 두고 충격을 가한다. 용착 금속의 충격 시험은 흡수 에너지와 충격치를 구하여 표시한다.

충격치는 충격 온도에 큰 영향을 주며 다음과 같이 구한다. 시험편에 흡수된 에너지(E)는

$$E = W \cdot R(\cos\beta - \cos\alpha) \ [\text{kg} \cdot \text{m}]$$

충격치(U)는 흡수 에너지를 시험편의 단면적으로 나눈 값이다.

$$U = \frac{E}{A} = \frac{W \cdot R(\cos\beta - \cos\alpha)}{A} \ [\text{kg} \cdot \text{m/cm}^2]$$

  W : 펜듈럼 해머의 중량(kg)

  R : 회전축의 중심에서 해머의 중심까지의 거리

  β : 해머의 처음 높이 h_1에 대한 각도

  α : 해머의 2차 높이 h_2에 대한 각도

시험편의 파단에 필요한 흡수 에너지가 크면 클수록 인성이 큰 재료가 되며, 작으면 작을수록 취성이 큰 재료가 된다.

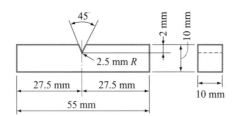

그림 7.9 충격 시험편

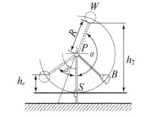

그림 7.10 샤르피 펜듈럼 충격 시험기

[2] 비파괴 검사

재료 또는 제품의 재질이나 형상 치수에 변화를 주지 않고 재료의 건전성을 시험하는 방법을 비파괴 검사(nondestructive testing or inspection, NDT 또는 NDI)라 하고 용접물, 구조물, 압연재 등에 이용되고 있다.

  • 표면 결함 검출 : 외관 검사, 침투 탐상 검사, 자분 탐상 검사, 전자유도 검사

  • 내부 결함 검출 : 방사선 투과 검사, 초음파 탐상 검사

  • 기타 비파괴 검사 : 음향 탐상 검사, 응력측정 검사, 내압 검사, 누설 검사 등

1. 표면 결함 비파괴 검사법

(1) 외관(육안) 검사(visual test : VT)

(가) 장점

1) 모든 용접부의 제작 전, 제작 중, 제작 후에 검사를 할 수 있다.

2) 대부분 큰 불연속만을 검출하지만 기타 다른 방법에 의해 검출되어야 할 불연속부도 예측할 수 있다.

3) 용접이 끝난 즉시 보수해야 할 불연속부를 검출, 제거할 수 있다.

4) 다른 비파괴 검사 방법보다 비용이 적게 든다.

5) 다른 비파괴 검사 방법보다 간편하고 신속하게 검사할 수 있다.

(나) 단점

1) 검사원의 경험과 지식에 따라 크게 좌우된다.

2) 일반적으로 용접부의 표면에 있는 불연속 검출에만 제한된다.

3) 용접 작업 순서에 따라 육안 검사를 늦게 하면 이음부를 확인하기 곤란하다.

(2) 침투 탐상 검사(penetrant test : PT)

(가) 검사가 간단하고, 비용이 저렴하다.

(나) 특히 자기 탐상 검사로 검출되지 않는 금속재료에 주로 사용한다.

(다) 검사 순서

1) 용접부 표면 세척(전처리)

2) 침투성이 강한 액체를 표면에 뿌려 침투액이 결함이 있는 곳으로 스며들게 함

3) 건조 후, 표면의 침투액을 닦아냄

4) 현상제(MgO, BaCO$_3$ emd 용제) 분사

5) 결함(균열 등) 중에 침투된 침투액이 소재의 표면으로 나타남

그림 7.11 침투 탐상 검사법 순서

(라) 장점

1) 시험 방법이 간단하며, 고도의 숙련이 요구되지 않는다.

2) 제품의 크기, 형상 등에 크게 구애를 받지 않는다.

3) 국부적 시험과 미세한 균열도 탐상이 가능하며, 판독이 쉽다.

4) 비교적 가격이 저렴하다.

5) 철, 비철, 플라스틱, 세라믹 등 거의 모든 제품에 적용이 용이하다.

(마) 단점

1) 표면의 결함(균열, 피트 등) 검출만 가능하다.

2) 시험 표면이 너무 거칠거나 기공이 많으면 허위 지시 모양을 만든다.

3) 시험 표면이 침투제 등과 반응하여 손상을 입는 제품은 검사할 수 없다.

4) 주변 환경 특히 온도에 민감하여 제약을 받는다.

5) 후처리가 요구되며, 침투제가 오염되기 쉽다.

(사) 침투 탐상 검사법의 종류

1) 형광 침투 탐상 검사법

가) 유기 고분자 유용성 형광 물질을 점도가 낮은 기름에 녹인 것으로 표면 장력이 매우 좋아서 매우 작은 균열이나 표면의 흠집 관찰이 쉬우며, 자외선 램프(블랙라이트)로 비추면 쉽게 판별할 수 있다.

나) 전처리(세척) – 침투 – 잔여액 제거 – 현상제 살포 – 건조 – 검사 순으로 검사한다.

2) 염료 침투 탐상 검사법

가) 염료 침투는 형광 침투액 대신에 적색 염료를 주체로 한 침투액과 백색의 현상제를 사용하는 방법으로, 형광 침투법과 동일하나 보통의 전등 또는 햇빛 아래서도 검사할 수 있는 것이 특징이다.

(3) 자분 탐상 검사(magnetic test : MT)

(가) 강자성체인 철강 등의 표면검사에 사용

(나) 검사 방법

1) 시험체를 자화하여 자속이 발생되었을 때

2) 도자성이 높은 미세한 자성체 분말을 검사체 표면에 산포

3) 결함이 있는 부위의 흐트러진 누설자속을 사용하여 결함을 감지

가) 자화 방법 : 축통전법, 관통법, 직각 통전법, 코일법, 극간법, 프로드법

나) 검출 가능한 결함의 깊이는 표면과 표면 바로 밑 5 mm 정도이다.

다) 자화에 따른 사용 전류 : 표면 결함 검출 – 교류, 내부 결함의 검출 – 직류

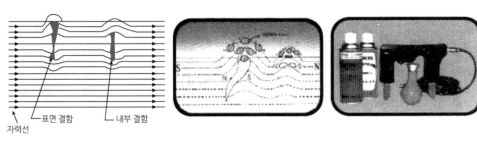

그림 7.12 자분 검사법의 원리

(다) 장점

1) 표면 균열 검사에 가장 적합하며, 시험편의 크기, 형상 등에 구애를 받지 않는다.

2) 검사법 습득이 쉽고, 검사가 신속, 간단하다.

3) 결함 모양이 표면에 직접 나타나 육안으로 관찰할 수 있다.

4) 검사자가 쉽게 검사 방법을 배울 수 있다.

5) 자동화가 가능하며 비용이 저렴하다.

6) 정밀한 전처리가 요구되지 않는다.

(라) 단점

1) 강자성체 재료에 한하며, 내부 결함의 검사가 불가능하다.

2) 불연속부의 위치가 자속 방향에 수직이어야 한다.

3) 탈자(자기 제거) 등 후처리가 필요하다.

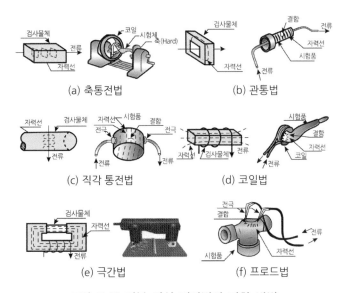

그림 7.13 자분 탐상 검사법의 자화 방법

(4) 와류 탐상(맴돌이) 검사(eddy current test : ET)

교류가 흐르는 코일을 금속 등의 도체에 가까이 가져가면 도체의 내부에는 와전류 (eddy current)라는 맴돌이 전류가 발생하고, 시험편의 표면 또는 부근 내부에 불연속 결함이나 불균일부가 있으면 와류의 크기나 방향이 변화하는 것을 이용하여 균열 등의 결함을 감지한다.

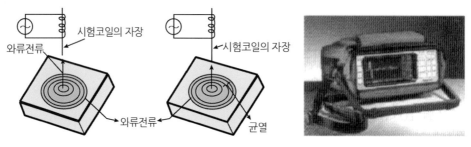

그림 7.14 와류 탐상검사법

(가) 장점

1) 응용분야가 넓고, 결과를 기록하여 보존할 수 있다.

2) 파이프, 환봉, 선 등에 대하여 고속 자동화가 가능하여 능률이 좋은 On-line 생산의 전수 검사가 가능하다.

3) 표면 결함의 검출 감도가 우수하며, 지시의 크기도 결함의 크기를 추정할 수 있어 결함평가에 유용하다.

4) 고온 상태에서 측정, 얇은 시험체, 가는 선, 구멍의 내부 등 다른 비파괴 검 사법으로 검사하기 곤란한 대상물에도 적용할 수 있다.

5) 비접촉법으로 프로브(probe)를 접근시켜 검사뿐만 아니라 원격 조작으로 좁은 영역이나 홈이 깊은 곳의 검사가 가능하다.

(나) 단점

1) 강자성체 금속에 적용이 어렵고, 검사의 숙련도가 요구된다.

2) 직접 결함의 종류, 형상 등을 판별하기 어렵다.

3) 검사 대상 이외의 재료의 영향으로 인한 잡음이 검사에 방해될 수 있다.

4) 표면 아래 깊은 곳의 결함 검출은 곤란하다.

5) 관통형 코일의 경우 관의 원주상 어느 위치에 결함이 있는지를 알 수 없다.

(다) 와류 탐상 검사의 적용 범위

    1) 용접부 표면 또는 표면에 가까운 균열, 기공, 게재물, 피트, 언더컷, 오버랩, 용입 불량, 융합 불량 등을 검출할 수 있다.

    2) 전기 전도성, 결정립의 대소, 열처리 상태, 경도 및 물리적 성질 등 재료의 조직 변화와 금속의 화학성분, 그리고 기계적, 열적 이력을 측정하거나 확인할 수 있다.

    3) 이종 재질을 구별하고, 그 조성 및 현미경 조직 등의 차이를 확인할 수 있다.

    4) 도체 위에 입힌 페인트와 같은 비도체 도포물의 두께를 측정할 수 있다.

2. 내부 결함 비파괴 검사법

(1) 방사선 투과 검사(radiographic test : RT)

방사선(X선, γ선)이 피검사물을 통과할 때 결함이 있는 장소와 없는 장소에서 방사선의 감쇠량이 다른 것을 이용한 검사법으로, 주로 주조품이나 용접부 시험에 적용하고, 비파괴 검사법 중 가장 신뢰성이 높아 널리 사용된다. 또한 자성의 유무, 두께의 대소, 형상, 표면 상태의 양부에 관계없이 어떤 것이나 이용할 수 있으며, 투과하는 두께의 1~2%의 결함까지도 정확하게 검출할 수 있다.

일반적으로 X선 투과 검사법이 많이 이용되지만, 판두께가 두꺼워지면 X선보다 파장이 짧고 강한 γ선 투과 검사법을 이용한다.

  (가) 장점

    1) 모든 재질의 내부 결함 검사에 적용할 수 있다.

    2) 검사 결과를 필름에 영구적으로 기록할 수 있다.

    3) 주변 재질과 비교하여 1% 이상의 흡수차를 나타내는 경우도 검출될 수 있다.

  (나) 단점

    1) 미세한 표면 균열이나 라미네이션은 검출되지 않는다.

    2) 방사선의 입사 방향에 따라 15° 이상 기울어져 있는 결함, 즉 면상 결함은 검출되지 않는다.

    3) 현상이나 필름을 판독해야 한다.

    4) 미세 기공, 미세 균열 등은 검출되지 않는 경우도 있다.

    5) 다른 비파괴 검사 방법에 비하여 안전 관리에 특히 주의해야 한다.

그림 7.15 X선 검사 장치   그림 7.16 X선 검사의 원리

(다) 투과도계와 계조계

1) 투과도계

ⓐ 철심형 투과도계(DIN형)가 많이 사용

ⓑ 방사선 투과사진의 상질을 나타내는 척도로서 촬영한 사진의 대조와 선
명도를 표시하는 기준

2) 계조계

ⓐ 투과 두께 20 mm 이하인 평판의 맞대기 용접부에 대하여 촬영조건을 결
정할 경우에 사용

ⓑ 동일한 조건으로 촬영할 경우 연속 10회 이하의 촬영을 1군으로 해서 1군
에 대하여 계조계를 1회 이상 사용하는 것을 원칙으로 한다.

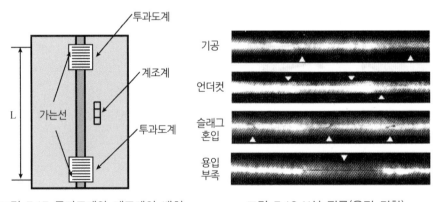

그림 7.17 투과도계와 계조계의 배치   그림 7.18 X선 필름(용접 결합)

(라) 촬영 결과

1) KS B 0845 규정의 결함의 분류 및 등급 분류

ⓐ 제1종 결함 : 기공 및 이와 유사한 둥근 결함

ⓑ 제2종 결함 : 슬래그 섞임 및 이와 유사한 결함

ⓒ 제3종 결함 : 터짐 및 이와 유사한 결함

(2) 초음파 검사(ultrasonic test : UT)

초음파는 사람이 들을 수 없는 5~15 [MHz]의 짧은 음파이다. 금속 물체 속을 쉽게 전파하고 서로 다른 물질과의 경계면에서는 반사하는 특성이 있다.

초음파 속도는

① 공기 중 : 약 330 [m/sec]

② 물속 : 약 1500 [m/sec]

③ 강(steel) 중 : 약 6000 [m/sec]

공기와 강(steel) 사이에서 초음파는 반사되므로 탐촉자와 물체 사이가 충분히 밀착되도록 검사체의 표면에 물, 기름, 글리세린 등을 바른 후 검사한다. 0.1 [mm] 정도 크기의 결함, 위치, 방향성 등을 검출할 수 있어 적용범위가 넓으므로 두께 및 길이가 큰 물체에 적용할 수 있으나, 탐상면이 거칠면 음파의 산란으로 잘못된 지시값에 의해 오독할 염려가 있고 스크린상의 도형 판독에 많은 훈련과 경험이 필요한 단점도 있다.

그림 7.19 초음파 탐상기의 형상   그림 7.20 소형 스캐너를 이용한 결함 검사

(가) 장점

1) 감도가 높아 미세한 결함을 검출할 수 있다.

2) 탐상 결과를 즉시 알 수 있으며, 자동 탐상이 가능하다.

3) 결함의 위치와 크기를 비교적 정확히 알 수 있다.

4) 초음파의 투과 능력이 크므로 수 미터 정도의 두꺼운 부분도 검사가 가능하다.

5) 검사 시험체의 한 면에서도 검사가 가능하다.

(나) 단점

1) 검사 시험체의 표면이나 형상이 탐상을 할 수 없는 조건에서는 탐상이 불가능한 경우가 있다.

2) 검사 시험체 내부 조직의 구조 및 결정 입자가 조대하거나 전체가 다공성일 경우는 정량적인 평가가 어렵다.

(다) 초음파 탐상법의 종류

1) 투과법

2) 펄스 반사법 : 가장 많이 사용하는 방법

3) 공진법

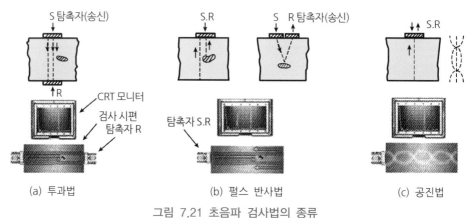

그림 7.21 초음파 검사법의 종류

(라) 접촉방법에 따른 분류

1) 수침법(immersion method)

2) 직접 접촉법(contact method)

(마) 입사각도에 따른 분류(직접 접촉법)

1) 수직 탐상법

2) 사각 탐상법

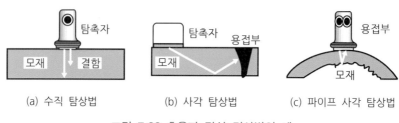

그림 7.22 초음파 탐상 검사법의 예

그림 7.23 수직 탐상법의 원리

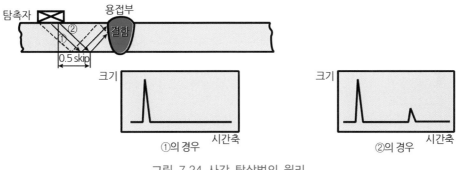

그림 7.24 사각 탐상법의 원리

3. 기타 비파괴 검사법

(1) 누설 검사(leak test : LT)

(가) 가압법과 진공법

1) 가압법 : 시험체 내의 압력을 가압하여 대기압보다 높게 하여 누설 시험을 하는 방법

2) 진공법 : 시험체 내의 압력을 감압하여 대기압보다 낮게 하여 누설 시험을 하는 방법

(나) 누설 감지법

1) 비눗물에 의한 방법

2) 시험체 내의 압력 변화에 의한 방법

3) 추적 가스를 시험체 내에 주입시켜 누설된 미량의 추적 가스를 검출기로 검출하는 방법

(2) 수압 검사(water pressure test : WPT)

용접 용기나 탱크에 물을 넣고 소정의 압력을 주어 물이 누설될 때까지의 압력을 측정하여 내압 검사를 하며, 누설 여부를 검사하여 용접 결함을 판정하는 방법이다.

(3) 음향 검사(accoustic emission test : AE)

(가) 장점

1) 실시간으로 결함의 진원지와 결함의 상태를 추적할 수 있다.

2) 국부적인 결함의 검출 이외에 전체 구조물의 상태를 모니터링할 수 있다.

(나) 단점

1) 안정화된 결함, 즉 진행이 멈춘 균열 등은 검출할 수 없다.

2) 센서의 감도에 따라 결함의 검출 결과가 좌우된다.

3) 음향 방출이 구조물의 여러 구조 상태를 따라 전달될 때 결함의 정확한 위치를 찾기는 어렵다.

4) 초음파 탐상법과 같은 국부적인 결함 검출법을 병행해야 한다.

(4) 응력 측정(stress measurement test : SM)

응력과 변형량이 비례함을 이용하여 구조물의 변형량을 측정하여 응력을 구하고 안전성을 평가하는 검사법이다.

표 7.4 각종 비파괴 검사법의 개요

시험 종류	시험 방법	필요 장비	적용 범위	장점	단점
외관 검사	대상물 표면을 육안으로 관찰	육안 또는 저배율 현미경, 전용 게이지	용접부 표면 결함과 모든 재료에 적용 가능	경제적이고, 다른 방법에 비해 숙련도와 장비가 적게 요구됨	용접부 표면에 한정됨
방사선 검사 (감마선, X선)	대상물에 감마선, 또는 X선을 투과시켜 필름에 나타나는 상으로 결함을 판별	감마선원, X선원, 감마선 카메라 프로젝터, 필름 홀더, 필름, 리드 스크린, 필름 처리장치, 노출장비, 조사모니터링 장비	용입 불량, 미용융, 슬래그, 기공, 두께 및 갭 측정 등이며, 통상적으로 두꺼운 금속제에 주로 사용됨. 적용 대상으로 주조물이나 대형 구조물을 들 수 있으며, 특히 X선 검사법을 적용하기 곤란한 형상에 적용	기록 보존이 반영구적이며 오랜 기간 후에도 검토 가능, 감마선은 파이프 등의 내부에도 적응 가능, 감마선 발생에 전원이 요구되지 않음. X선은 감마선에 비해 양질의 방사능을 가짐	방사능 노출에 대한 특별한 주의가 요구됨. 균열이 조사선에 평형해야 함. 선원 제어가 곤란, 시간에 따라 감소됨. X선 장비가 비싸며 방사능 노출 시 위험도가 감마선보다 커서 소정의 자격을 갖춘 작업자에 의하여 감사를 실시해야 함

시험 종류	시험 방법	필요 장비	적용 범위	장점	단점
초음파 탐상	20 kHz 이상의 주파수를 가지는 음파를 대상물의 표면에 적용하여 결함에서의 반사파를 탐측	탐측자, 초음파 탐상기, 접촉 매질, 대비 시험편, 표준 시험편	용접 균열, 슬래그, 용입 불량, 미용융, 두께 측정	평면 형상의 결함 측정에 적당. 측정 결과가 바로 나옴. 장비 이동이 용이	표면을 접촉 매질로 도포하여 작은 용접부나 얇은 판의 탐상이 어려움. 표준시편 및 대비시편이 준비돼야 하고, 다소의 숙련이 요구됨
자분 탐상	시험체에 적절한 자장과 지분을 가해 결함부에 생기는 자분의 모양으로 결함 존재를 확인	자화 장치, 자외선 조사장치, 자분, 자속계, 전원	표면 혹은 표면직하에 노출된 용접 기공, 균열 등	경제적이고, 검사 설비의 이동이 용이함	검사 대상품이 강자성체이며, 표면이 깨끗하고 평탄해야 함. 균열길이가 0.5 mm 이상만 검출 가능하며, 결함깊이는 알 수 없음
침투 탐상	검사 대상의 표면에 침투액을 도포한 후 세정하고, 현상액을 도포하여 결함을 검출하는 방법	침투액, 세정제, 현상액, 자외선 램프	표면에 노출된 용접 기공, 균열 등	다공질 재료가 아닌 모든 재료에 적용 가능. 이동이 용이, 상대적으로 비용이 적게 듦. 결과를 쉽게 판독할 수 있음. 전원이 불필요	코팅이나 산화막이 있으면 결함검출이 곤란. 검사 전후 세정을 해주어야 함. 결함깊이를 알 수 없음
와류 탐상	유도 코일을 이용해 시험체 표면에 와전류를 형성시키고, 결함으로 변화하는 와전류를 관찰함	유도전자 자기장 발생 장치, 와전류 측정센서, 표준 시편	용접부 표면 결함(균열, 기공, 미용융)과 표면직하의 있는 결함. 합금 성분, 열처리 정도, 판두께 측정 가능	상대적으로 편리하고 비용이 적게 듦. 자동화 용이하며 비접촉식	전기도체여야 검출이 가능하고, 표층 결함 탐상용. 탐상 가능 균열깊이는 0.1~0.2 mm 이상
음향 방출	재료의 파단 시 발생하는 탄성파를 검출하여 결함 발생 여부 및 위치를 파악	검출센서, 증폭기, 신호처리장치, 신호, 평가 및 출력 장치	용접 후 냉각 시의 용접 내부 균열 발생 및 전파 속도 측정	금속, 비금속, 복합 재료 등에 적용. 연속적인 결함발생 과정을 모니터링할 수 있음. 내부 및 표면결함 관찰 용이	신호 전달 매체를 시편에 연결해야 하고, 대상물이 사용 중 또는 응력을 받고 있어야 함. 판독에 전문성이 요구됨

01 용접구조물의 치수상의 결함에 대해 설명하시오.

02 용접구조물의 구조상의 결함에 대해 설명하시오.

03 용접구조물의 성질상의 결함에 대해 설명하시오.

04 기계적 시험의 종류를 쓰시오.

05 물리적 시험의 종류를 쓰시오.

06 야금학적 시험의 종류를 쓰시오.

07 용접성 시험의 종류를 쓰시오.

08 비파괴 시험의 종류 9가지를 쓰시오.

09 원형 인장 시험편 형상에 대하여 설명하시오.

10 판상형 맞대기 용접 이음의 인장 시험 형상에 대하여 설명하시오.

11 굽힘 시험(bending test)의 3가지 방법을 쓰시오.

12 경도 시험 4가지 종류를 쓰고 설명하시오.

13 샤르피(Charpy) 충격 시험과 아이조드(Izod) 충격 시험에 대하여 설명하시오.

14 비파괴 검사 방법으로 제품의 표면과 내부를 검사하는 방법을 쓰시오.

　　(1) 제품 표면 결함 검사 방법 :

　　(2) 제품 내부 결함 검사 방법 :

15 침투 탐상 검사법 순서를 쓰시오.

16 자분 탐상 검사(magnetic test : MT)으로 검출 가능한 결함의 깊이를 설명하시오.

17 방사선 투과 검사(radiographic test : RT)에 의한 KS B 0845 규정의 결함의 분류 및 등급 분류를 설명하시오.

　　(1) 제1종 결함 :

　　(2) 제2종 결함 :

　　(3) 제3종 결함 :

18 초음파 탐상법의 종류 3가지를 쓰시오.

19 누설 검사(leak test : LT)에 대하여 설명하시오.

20 음향 검사(accoustic emission test : AE)에 대하여 설명하시오.

부록

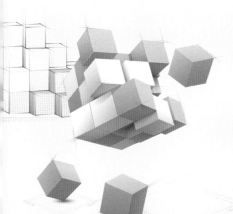

A. 용접 기호 KSB0052

이 규격은 1992년에 제3판으로 발행된 ISO 2553, Welded, brazed and soldered joints-Symbolic representation on drawings를 기초로, 기술적 내용 및 대응국제표준의 구성을 변경하지 않고 작성한 한국산업규격으로 KS B0052:2002를 개정한 것이다.

B.1 적용범위

이 규격은 도면에서 용접, 브레이징 및 솔더링 접합부(이하 접합부라 한다.)에 표시할 기호에 대하여 규정한다.

B.2 인용 규격

다음에 나타내는 규격은 이 규격에 인용됨으로써 이 규격의 규정 일부를 구성한다. 이러한 인용규격은 그 최신판을 적용한다.

ISO 128 : 1982, Technical drawings－General principles of presentation

ISO 544 : 1989, Filler materials for manual welding-ize requirements

ISO 1302 : 1978, Technical drawings－Method of indicating surface texture on drawings

ISO 2560 : 1973, Covered electrodes for manual arc welding of mild steel and low alloy steel－Code of symbols for identification

ISO 3098－1 : 1974, Technical drawings－Lettering－Part 1 : Currently used characters

ISO 3581 : 1976, Covered electrodes for manual arc welding of stainless and other similar high alloy steels－Code of symbols for identification

ISO 4063 : 1990, Welding, brazing, soldering and braze welding of metals－Nomenclature of processes and reference numbers for symbolic representation on drawings

KS B ISO 5817 : 2002, 강의 아크 용접 이음－불완전부의 품질 등급 지침

ISO 6947 : 1990, Welds－Working positions－Definitions of angles of slope and rotation

KS C ISO 8167 : 2001, 저항 용접용 프로젝션

KS B ISO 10042, 알루미늄 및 그 합금의 아크 용접 이음 – 불완전의 품질 등급 지침

B.3 일반

① 접합부는 기술 도면에 대하여 일반적으로 권장하고 있는 사항에 따라 표시될 수 있다. 그러나 간소화하기 위하여 일반적인 접합부에 대해서 이 규격에서 설명하고 있는 기호를 따르도록 한다.

② 기호 표시는 특정한 접합부에 관하여 비고나 추가적으로 보여주는 도면없이 모든 필요한 지시 사항을 분명하게 표시한다.

③ 이 기호 표시는 다음과 같은 사항으로 완성되는 기본 기호를 포함한다.

- 보조 기호
- 치수 표시
- 몇 가지 보조 표시(특별히 가공 도면을 위한)

④ 도면을 가능한 한 간소화하기 위하여 접합부의 도면에 지시 사항을 표시하기보다는 용접, 브레이징 및 솔더링할 단면의 준비 및/혹은 용접, 브레이징 및 솔더링 절차에 대한 세부 사항을 나타내는 특정 지시 사항이나 특수 시방에 대한 참고 사항을 마련하도록 권장한다.

이러한 지시 사항들이 없으면 용접, 브레이징 및 솔더링 할 모서리의 준비나 용접, 브및 솔더링 절차에 관련한 치수는 기호와 가까이 있어야 한다.

B.4 기호

(1) 기본 기호

여러 가지 종류의 접합부는 일반적으로 용접 형상과 비슷한 기호로 구별할 수 있다. 기호로 적용할 공정을 미리 판단할 수 있는 것은 아니다.

기본 기호는 표 1에서 보여주고 있다.

만약 접합부가 지정되지 않고 용접, 브레이징 또는 솔더링 접합부를 나타낸다면 다음과 같은 모양의 기호를 사용하게 된다.

표 1. 기본기호

번호	명칭	그림	기호
1	돌출된 모서리를 가진 평판 사이의 맞대기 용접[1] 에지 플랜지형 용접(미국) / 돌출된 모서리는 완전 용해		八
2	평행(I형) 맞대기 용접		‖
3	V형 맞대기 용접		V
4	일면 개선형 맞대기 용접		⏧
5	넓은 루트면이 있는 V형 맞대기 용접		Y
6	넓은 루트면이 있는 한 면 개선형 맞대기 용접		Ⴤ
7	U형 맞대기 용접(평행 또는 경사면)		Y
8	J형 맞대기 용접		Ⴤ
9	이면 용접		⌣
10	필릿 용접		◺
11	플러그 용접 ; 플러그 또는 슬롯 용접(미국)		⊓
12	점 용접		○

(계속)

번호	명칭	그림	기호
13	심(seam) 용접		⊖
14	개선 각이 급격한 V형 맞대기 용접		⋁
15	개선 각이 급격한 일면 개선형 맞대기 용접		⋁
16	가장자리(edge) 용접		⫼
17	표면 육성		⌒⌒
18	표면(surface) 접합부		=
19	경사 접합부		∥
20	겹침 접합부		⊋

1) 돌출된 모서리를 가진 평판 맞대기 용접부(번호 1)에서 완전 용입이 안 되면 용입 깊이가 s인 평행 맞대기 용접부(번호 2)로 표시한다 (표 5 참조).

(2) 기본 기호의 조합

필요한 경우 기본 기호를 조합하여 사용할 수 있다.

양면 용접의 경우에는 적당한 기본 기호를 기준선에 대칭되게 조합하여 사용한다. 전형적인 예를 표 2에 보여주고 있으며 응용의 예는 표 A.2에서 보여주고 있다.

표 2. 양면 용접부 조합 기호(보기)

명칭	그림	기호
양면 V형 맞대기 용접(X용접)		X
K형 맞대기 용접		K
넓은 루트면이 있는 양면 V형 용접		Y
넓은 루트면이 있는 K형 맞대기 용접		K
양면 U형 맞대기 용접		X

비고 : 표 2는 양면(대칭) 용접에서 기본 기호의 조합 예를 보여주고 있다. 기호 표시에 있어서 기본 기호는 기준선에 대칭되도록 배열한다. 기본 기호 이외의 기호는 기준선을 표시하지 않고 나타낼 수 있다.

(3) 보조 기호

기본 부호는 용접부 표면의 모양이나 형상의 특징을 나타내는 기호로 보완할 수 있다. 권장하는 몇가지 보조 기호는 표 3에서 보여주고 있다.

보조 기호가 없는 것은 용접부 표면을 자세히 나타낼 필요가 없다는 것을 의미한다. 기본 기호와 보조 기호의 조합 예를 표 3과 표 4에 나타내었다. 비고 여러 가지 기호를 함께 사용할 수 있지만, 용접부를 기호로 표시하기가 어려울 때는 별도의 개략도로 나타내는 것이 바람직하다.

표 3. 보조 기호

용접부 표면 또는 용접부 형상	기호
a) 평면(동일한 면으로 마감 처리)	▬
b) 볼록형	⌢
c) 오목형	⌣
d) 토우를 매끄럽게 함	⌣⌣
e) 영구적인 이면 판재(backing strip) 사용	M
f) 제거 가능한 이면 판재 사용	MR

표 4는 보조 기호 적용의 예를 보여주고 있다.

표 4. 보조 기호의 적용 보기

명칭	그림	기호
평면 마감 처리한 V형 맞대기 용접		▽
볼록 양면 V형 용접		⋈
오목 필릿 용접		◿
이면 용접이 있으며 표면 모두 평면 마감 처리한 V형 맞대기 용접		⟎
넓은 루트면이 있고 이면 용접된 V형 맞대기 용접		⟎
평면 마감 처리한 V형 맞대기 용접		√⁾¹⁾ ▽
매끄럽게 처리한 필릿 용접		◹

1) ISO 1302에 따른 기호: 이 기호 대신 주 기호 √를 사용할 수 있음.

B.5 도면에서 기호의 위치

(1) 일반

이 규격에서 다루는 기호는 완전한 표시 방법 중의 단지 일부분이다(그림 1 참조).

• 접합부당 하나의 화살표(1)(그림 2와 그림 3 참조)

• 두 개의 선, 실선과 점선의 평행선으로 된 이중 기준선(2)(예외는 비고 1. 참조)

• 특정한 숫자의 치수와 통상의 부호

비고 1 ⬚⬚⬚⬚⬚ ⬚⬚⬚⬚⬚ 점선은 실선의 위 또는 아래에 있을 수 있다.
대칭 용접의 경우 점선은 불필요하며 생략할 수도 있다.

비고 2 화살표, 기준선, 기호 및 글자의 굵기는 각각 ISO 128과 ISO 3098 – 1에 의거하여 치수를 나타내는 선 굵기에 따른다.

다음 규칙의 목적은 각각의 위치를 명확히 하여 접합부의 위치를 정의하기 위한 것이다.

• 화살표의 위치

- 기준선의 위치

- 기호의 위치

화살표와 기준선에는 참고 사항을 완전하게 구성하고 있다. 용접 방법, 허용 수준, 용접 자세, 용접 재료 및 보조 재료 등과 같은 상세 정보가 주어지면, 기준선 끝에 덧붙인다(B.7 보조 표시 참조).

(2) 화살표와 접합부의 관계

그림 2와 그림 3에 보여준 예는 용어의 의미를 설명하고 있다.

- 접합부의 "화살표 쪽"

- 접합부의 "화살표 반대쪽"

비고 1　이 그림에서는 화살표의 위치를 명확하게 표시한다. 일반적으로 접합부의 바로 인접한 곳에 위치한다.

비고 2　그림 2 참조

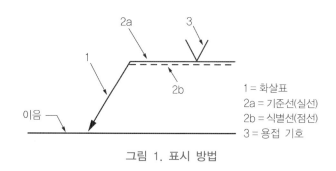

1 = 화살표
2a = 기준선(실선)
2b = 식별선(점선)
3 = 용접 기호

그림 1. 표시 방법

(a) 화살표 쪽 용접　　(b) 화살표 반대쪽 용접

그림 2. 한쪽 면 필릿 용접의 T 접합부

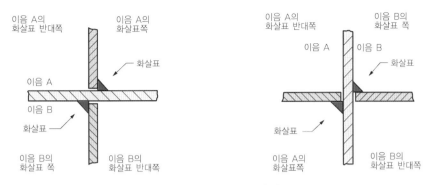

그림 3. 양면 필릿 용접의 십자(+)형 접합부

(3) 화살표 위치

일반적으로 용접부에 관한 화살표의 위치는 특별한 의미가 없다(그림 4 (a)와 (b) 참조). 그러나 용접형상이 4, 6, 및 8인 경우(표 1 참조)에는 화살표가 준비된 판 방향으로 표시된다(그림 4 (c)와 (d) 참조).

화살표는

- 기준선이 한쪽 끝에 각을 이루어 연결되며
- 화살 표시가 붙어 완성된다.

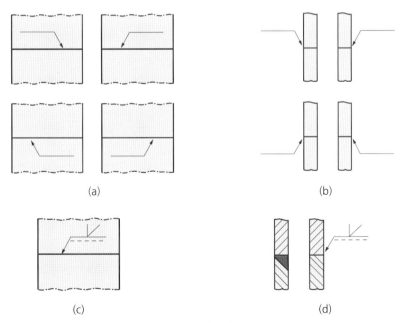

(a)

(b)

(c)

(d)

그림 4. 화살표의 위치

(4) 기준선의 위치

기준선은 우선적으로 도면 아래 모서리에 평행하도록 표시하거나 또는 그것이 불가능한 경우에는 수직되게 표시한다.

(5) 기준선에 대한 기호 위치

기호는 다음과 같은 규칙에 따라 기준선의 위 또는 아래에 표시하여야 한다.

• 용접부(용접 표면)가 접합부의 화살표 쪽에 있다면 기호는 기준선의 실선 쪽에 표시한다(그림 5 (a) 참조)

• 용접부(용접 표면)가 접합부의 화살표 반대쪽에 있다면 기호는 기준선의 점선 쪽에 표시한다(그림 5 (b) 참조).

비고 프로젝션 용접에 의한 점 용접부의 경우에는 프로젝션 표면을 용접부 외부 표면으로 간주한다.

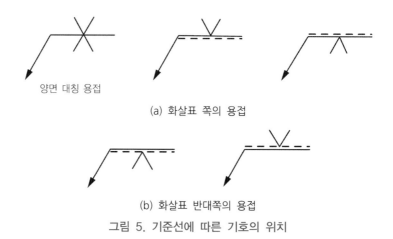

양면 대칭 용접

(a) 화살표 쪽의 용접

(b) 화살표 반대쪽의 용접

그림 5. 기준선에 따른 기호의 위치

B.6 용접부 치수 표시

(1) 일반 규칙

각 용접 기호에는 특정한 치수를 덧붙인다. 이 치수는 그림 6에 따라서 다음과 같이 표시한다.

a) 가로 단면에 대한 주요 치수는 기호의 왼편(즉, 기호의 앞)에 표시한다.

b) 세로 단면의 치수는 기호의 오른편(즉, 기호의 뒤)에 표시한다.

주요 치수를 표시하는 방법은 표 5에서 보여주고 있다. 주요 치수를 표시하는 규칙

역시 이 표에서 볼 수가 있다. 기타 다른 치수도 필요에 따라 표시할 수 있다.

그림 6. 표시 원칙의 예

(2) 표시할 주요 치수

판 모서리 용접에서 치수는 도면 외에는 기호로 표시되지 않는다.

a) 기호에 이어서 어떤 표시도 없는 것은 용접 부재의 전체 길이로 연속 용접한다는 의미이다.

b) 별도 표시가 없는 경우는 완전 용입이 되는 맞대기 용접을 나타낸다.

c) 필릿 용접부에서는 치수 표시에 두 가지 방법이 있다(그림 7 참조). 그러므로 문자 a 또는 z는 항상 해당되는 치수의 앞에 다음과 같이 표시한다.

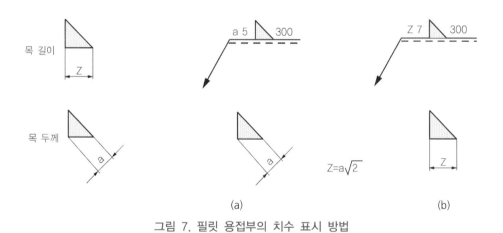

그림 7. 필릿 용접부의 치수 표시 방법

필릿 용접부에서 깊은 용입을 나타내는 경우 목두께는 s가 된다(그림 8 참조).

d) 경사면이 있는 플러그 또는 슬롯 용접의 경우에는 해당 구멍의 아래에 치수를 표시한다.

비고 필릿 용접부의 용입 깊이에 대해서는, 예를 들면 s8a6◺와 같이 표시한다.

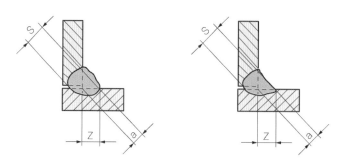

그림 8. 필릿 용접의 용입 깊이의 치수 표시 방법

표 5. 주요 치수

번호	명칭	그림	정의	표시
1	맞대기 용접	(그림)	s : 얇은 부재의 두께보다 커질 수 없는 거리로서, 부재의 표면부터 용입의 바닥까지의 최소 거리	$\vee$ 6.2 (a) 및 6.2 (b) 참조 $s\parallel$ 6.2 (a) 및 6.2 (b) 참조 $s\vee$ 6.2 (a) 참조
2	플랜지형 c맞대기 용접	(그림)	s : 용접부 외부 표면부터 용입의 바닥까지의 최소 거리	$s\parallel$ 6.2 (a) 및 표 1의 주 참조
3	연속 필릿 용접	(그림)	a : 단면에서 표시될 수 있는 최대 이등변삼각형의 높이 z : 단면에서 표시될 수 있는 최대 이등변삼각형의 변	a ◺ z ◺ 6.2 (a) 및 6.2 (c) 참조
4	단속 필릿 용접	(그림)	ℓ : 용접길이(크레이터 제외) (e) : 인접한 용접부 간격 n : 용접부 수 a : 3번 참조 z : 3번 참조	a ◺ $n \times \ell (e)$ z ◺ $n \times \ell (e)$ 6.2 (c) 참조

(계속)

번호	명칭	그림	정의	표시
5	지그재그 단속 필릿 용접		ℓ : 4번 참조 (e) : 4번 참조 n : 4번 참조 a : 3번 참조 z : 3번 참조	a ▷ $n \times \ell$ (e) a $n \times \ell$ (e) Z ▷ $n \times \ell$ (e) Z $n \times \ell$ (e) 6.2 (c) 참조
6	플러그 또는 슬롯용접		ℓ : 4번 참조 (e) : 4번 참조 n : 4번 참조 c : 슬롯의 너비	C $n \times \ell$(e) 6.2 (d) 참조
7	심 용접		ℓ : 4번 참조 (e) : 4번 참조 n : 4번 참조 c : 용접부 너비	C $n \times \ell$(e)
8	플러그 용접		n : 4번 참조 (e) : 간격 d : 구멍의 지름	d n(e)
9	점 용접		n : 4번 참조 (e) : 간격 d : 점(용접부)의 지름	d n(e)

B.7 보조 표시

보조 표시는 용접부의 다른 특징을 나타내기 위해 필요하다. 예를 들면 다음과 같다.

(1) 일주 용접

용접이 부재의 전체를 둘러서 이루어질 때 기호는 그림 9와 같이 원으로 표시한다.

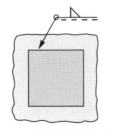

그림 9. 일주 용접의 표시

(2) 현장 용접

현장 용접을 표시할 때는 그림 10과 같이 깃발 기호를 사용한다.

그림 10. 현장 용접의 표시

(3) 용접 방법의 표시

용접 방법의 표시가 필요한 경우에는 기준선의 끝에 2개 선 사이에 숫자로 표시한다. 그림 11은 그 예를 보여주고 있다. 각 용접 방법에 대한 숫자 표시는 ISO 4063에 나타나 있다.

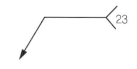

그림 11. 용접 방법의 표시

(4) 참고 표시의 끝에 있는 정보의 순서

용접부와 치수에 대한 정보는 다음과 같은 순서로 기준선 끝에 더 많은 정보를 보충할 수 있다.

- 용접 방법(예시는 ISO 4063에 의거)
- 허용 수준(예시는 KS B ISO 5817 및 KS B ISO 10042에 의거)
- 용접 자세(예시는 ISO 6947에 의거)
- 용접 재료(예시는 ISO 544, ISO 2560, ISO 3581에 의거)

개별 항목은 " / "으로 구분한다. 그 외에 기준선 끝 상자 안에 특별한 지침(즉 절차서)을 그림 12와 같이 표시할 수 있다.

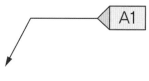

그림 12. 참고 정보

보기 KS B ISO 5817에 따른 요구 허용 수준, ISO 6947에 따른 아래보기 자세
PA, 피복 용접봉 ISO 2560−E51 2 RR 22를 사용하여 피복 아크 용접(ISO
4063에 따른 참고 번호 111)으로 이면 용접이 있는 V형 맞대기 용접부(그림
13 참조)

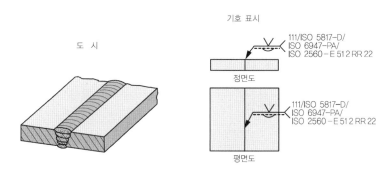

그림 13. 이면 용접이 있는 V형 맞대기 용접부

B.8 점 및 심 용접부에 대한 적용의 예

점 및 심 접합부(용접, 브레이징 또는 솔더링)의 경우에는 2개의 겹쳐진 부재 계면
이나 2개의 부재 중에서 하나가 용해되어 접합을 이루게 된다(그림 14와 그림 15 참조).

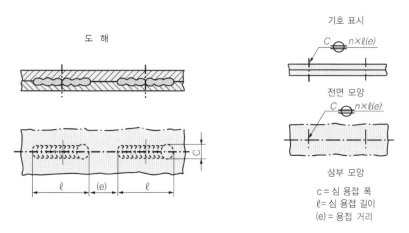

그림 14. 단속 저항 심 용접부

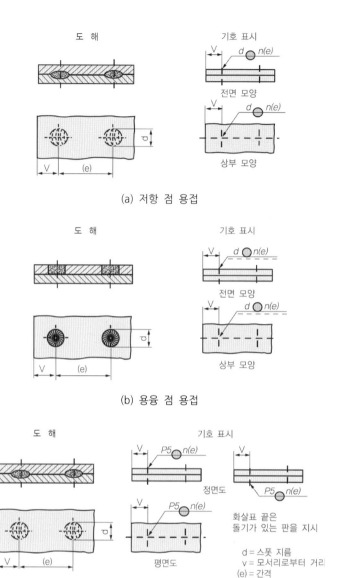

(a) 저항 점 용접

(b) 용융 점 용접

(c) 프로젝션 용접부

그림 15. 점 용접부

비고　프로젝션의 지름 $d=5$ mm, 프로젝션 간격 (e)로 n개의 용접 개수를 가지는
ISO 8167에 따른 프로젝션 용접의 표시의 보기이다.

*부속서 A (참고) 기호의 사용 예

이 부속서는 ISO 2553 : 1992, Welded, brazed and soldered joints – Symbolic
representation on drawings의 Annex A(informative)에 기재되어 있는 기호의 사용

예를 보여주는 것으로 규정의 일부는 아니다.

표 6~9는 기호 사용의 몇 가지 예를 보여주고 있다. 표시한 그림은 설명을 쉽게 하기 위한 것이다.

표 6. 기본 기호 사용 보기

번호	명칭 기호	그림	표시	기호 (a)	기호 (b)
	(숫자는 표 1의 번호)		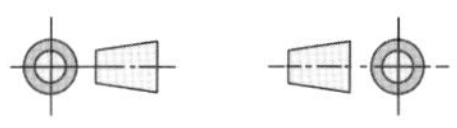		
1	플랜지형 맞대기 용접 ⋀ 1	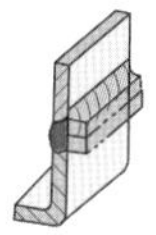	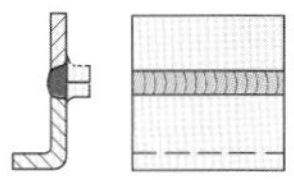	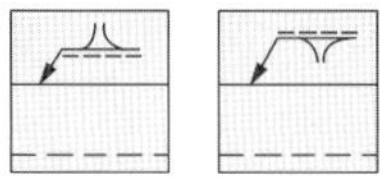	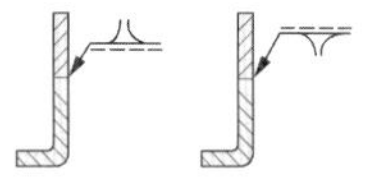
2	I 형 맞대기 용접 ‖ 2	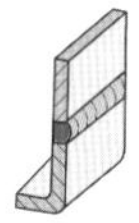	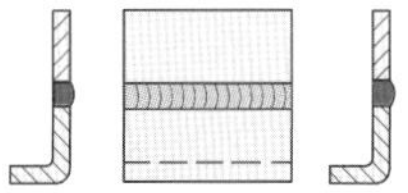	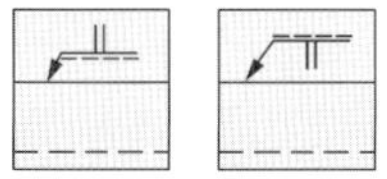	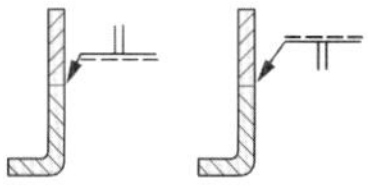
3		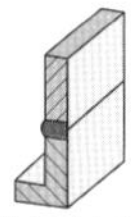	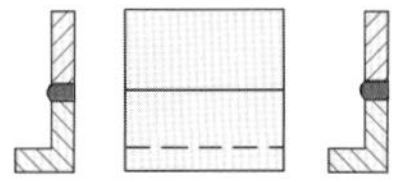	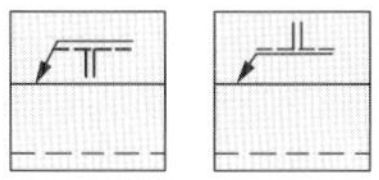	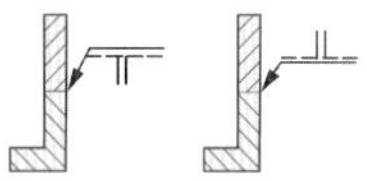
4		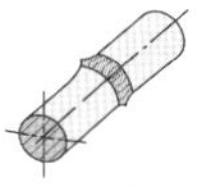	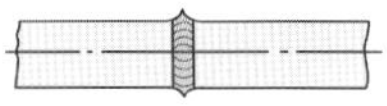	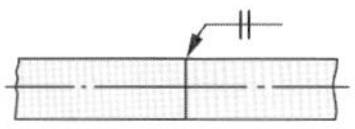	
5	V형 맞대기 용접 ⋁ 3	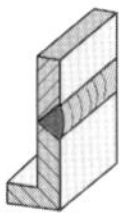	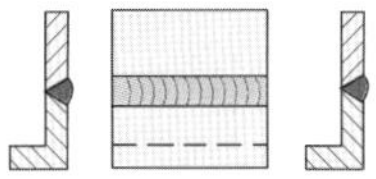	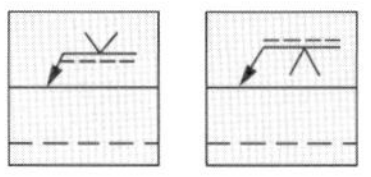	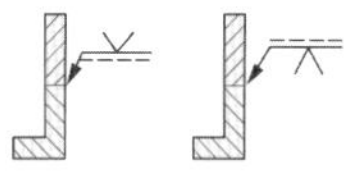
6		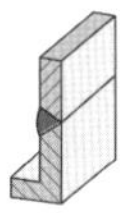	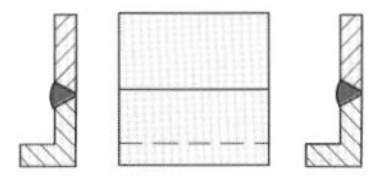	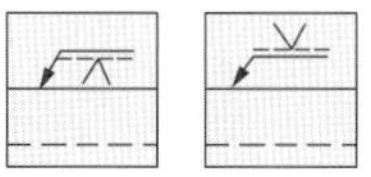	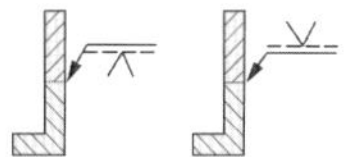
7					
8	일면 개선형 맞대기 용접 ⋁ 4				
9		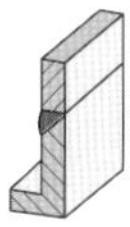	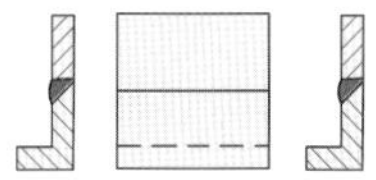	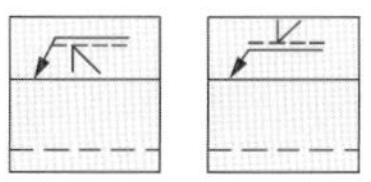	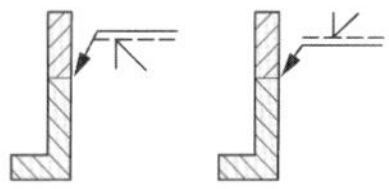

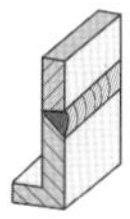

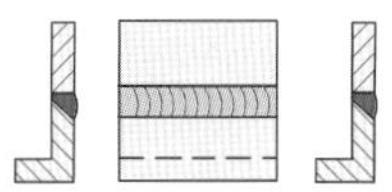

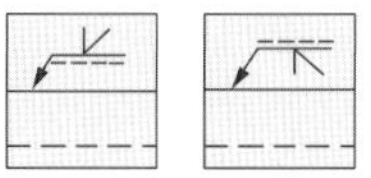

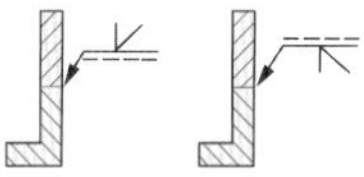

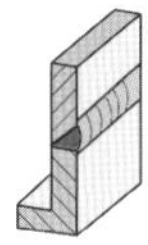

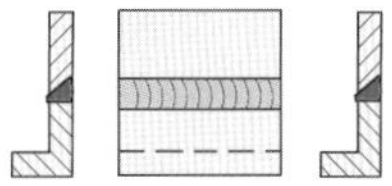

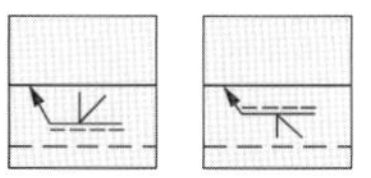

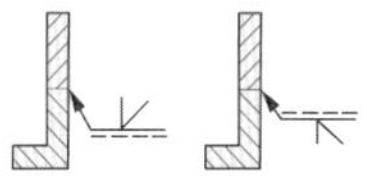

(계속)

번호	명칭 기호	그림	표시	기호	
				(a)	(b)
10	한 면 개선형 맞대기 용접 V 4				
11	넓은 루트면이 있는 V형 맞대기 용접 Y 5				
12	넓은 루트면이 있는				
13	일면 개선형 맞대기 용접 Y 6				
14	U형 맞대기 용접 Y 7				
15	J형 맞대기 용접 V 8				
16					
17	필릿 용접 △ 10				
18					

(계속)

번호	명칭 기호	그림	표시	기호	
				(a)	(b)

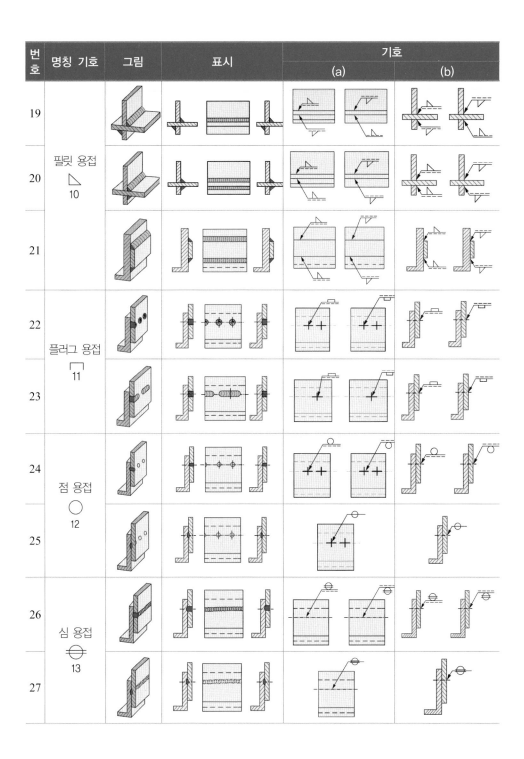

표 7. 기본 기호 조합 보기

번호	명칭 기호	그림	표시	기호	
				(a)	(b)
	(숫자는 표 1의 번호)				
1	플랜지형 맞대기 용접 八1 이면 용접 ◡9 1–9				
2	I형 맞대기 용접 ‖2 양면 용접 2–2				
3	V형 용접 ∨3				
4	이면 용접 ◡9 3–9				
5	양면 V형 맞대기 용접 ∨3 (X형 용접) 3–3				
6	K형 맞대기 용접 Ⅴ4				
7	(K형 용접) 4–4				

번호	명칭 기호	그림	표시	기호	
				(a)	(b)
8	넓은 루트면이 있는 양면 V형 맞대기 용접 Y5 5–5				
9	넓은 루트면이 있는 K형 맞대기 용접 ⊬6 6–6				
10	양면 U형 맞대기 용접 Y7 7–7				
11	양면 J형 맞대기 용접 ⊬8 8–8				
12	일면 V형 맞대기 용접 ∨3 일면 U형 맞대기 용접 Y7 3–7				
13	필릿 용접 △10				
14	필릿 용접 △10 10–10				

표 8. 기본 기호와 보조 기호 조합 보기

번호	기호	그림	표시	기호	
				(a)	(b)
1					
2					
3					
4					
5					
6					
7					
8	V [MR]				

표 9. 예외 사례

번호	그림	표시	기호		
			(a)	(b)	잘못된 표시
1			-		
2					
3			-		
4					
5			권장하지 않음		
6			권장하지 않음		
7			권장하지 않음		
8					

찾아보기

참고문헌

- 실용용접공학(원영휘 외, 청문각 출판, 2017)
- 용접설계시공이론(김창일 외, 한국산업인력공단, 1995)
- 용접설계시공(정균호, 한국산업인력공단, 2014)
- 기초공학(홍순남, 한국산업인력공단, 2007)
- 재료역학(원종식 외, 학교법인기능대학 사업본부, 2001)
- 공업수학(신용한 외, 한국직업훈련관리공단, 1990)
- 특수용접(민용기, 한국산업인력공단, 2011)

실용 용접 설계·시공

2019년 8월 9일 1판 1쇄 펴냄 | 2021년 11월 25일 1판 2쇄 펴냄
지은이 원영휘
펴낸이 류원식 | 펴낸곳 교문사

편집팀장 김경수 | 책임편집 김보마 | 표지디자인 유선영 | 본문편집 홍익 m&b

주소 (10881) 경기도 파주시 문발로 116(문발동 536-2)
전화 031-955-6111~4 | 팩스 031-955-0955
등록 1968. 10. 28. 제406-2006-000035호
홈페이지 www.gyomoon.com | E-mail genie@gyomoon.com
ISBN 978-89-363-1860-4 (93550)
값 18,000원